美丽乡村绿色农房建造关键技术与案例丛书

绿色农房技术集成与案例

曹万林　陈以一　董宏英　等著

U0351738

中国建筑工业出版社

图书在版编目（CIP）数据

绿色农房技术集成与案例/曹万林等著. —北京：中国建筑工业出版社，2018.2
（美丽乡村绿色农房建造关键技术与案例丛书）
ISBN 978-7-112-21796-0

Ⅰ. ①绿…　Ⅱ. ①曹…　Ⅲ. ①生态建筑-农村住宅-建筑设计-案例　Ⅳ. ①TU241.4

中国版本图书馆 CIP 数据核字（2018）第 020057 号

为适应我国美丽乡村绿色农房建造技术发展需求，本书编制组在国家科技支撑计划项目"美丽乡村绿色农房建造关键技术研究与示范（2015BAL03B00）"课题"绿色农房技术集成研究与综合示范（2015BAL03B01）"的资助下，考虑广大农村地域分布广阔、气候分区不同等实际情况，遵循自然、合理、高效的结构形态学原理，以经济适用、生态环保、抗震节能、环境协调为基本原则，较系统地开展了美丽乡村绿色农房规划、装配式轻钢绿色农房结构、低成本基础隔震农房结构、绿色农房外围护节能墙体体系及绿色农房建造技术信息系统的研究，并结合工程示范进行了适宜技术的集成应用。本书简要介绍了课题的部分研究成果和工程案例，可供从事绿色农房建造技术研究、设计和施工人员及高等院校有关专业的师生参考。

责任编辑：李笑然　杨　允
责任设计：李志立
责任校对：焦　乐

美丽乡村绿色农房建造关键技术与案例丛书
绿色农房技术集成与案例
曹万林　陈以一　董宏英　等 著

＊

中国建筑工业出版社出版、发行（北京海淀三里河路 9 号）
各地新华书店、建筑书店经销
霸州市顺浩图文科技发展有限公司制版
北京圣夫亚美印刷有限公司印刷

＊

开本：787×1092 毫米　1/16　印张：11½　字数：282 千字
2018 年 9 月第一版　2018 年 9 月第一次印刷
定价：**37.00** 元
ISBN 978-7-112-21796-0
（31644）

版权所有　翻印必究
如有印装质量问题，可寄本社退换
（邮政编码 100037）

前　　言

结合我国美丽乡村建设，考虑广大农村地域分布广阔、气候分区不同、经济技术发展不平衡及文化传统存在差异等实际情况，注重传统农房对地域适宜性的优势，发挥装配式农房建造技术引领美丽乡村绿色农房建设的作用，遵循自然、合理、高效的结构形态学原理，以经济适用、生态环保、抗震节能、环境协调为基本原则，归纳提升绿色农房适用技术，形成了适合不同地域和环境要求、防灾减灾性能好、经济适用的绿色农房技术集成体系与信息系统框架，并进行了研究成果的工程示范，促进了推广应用。

本书编制组针对美丽乡村绿色农房建造关键技术需求，较系统地开展了美丽乡村绿色农房规划、装配式轻钢绿色农房结构、低成本基础隔震农房结构、绿色农房外围护节能墙体体系及绿色农房建造技术信息系统框架的研究，并结合工程示范进行了适宜技术的集成应用。本书撰写工作的大致分工如下：第1章 美丽乡村绿色农房规划与案例，由北京工业大学张建、关达宇著；第2章 装配式轻钢框架—组合墙—复合墙结构体系与案例，由北京工业大学曹万林、董宏英、张宗敏、刘子斌著；第3章 装配式轻钢框架—预应力支撑结构与案例，由同济大学王伟、陈以一，浙江省建设投资集团有限公司孔德玉著；第4章 低成本基础隔震结构体系与案例，由湖南大学尚守平著；第5章 外围护节能墙体体系与案例，由辽宁科技大学田雨泽、欧阳鑫玉、胡君一，集佳绿色建筑科技有限公司潘常升著；第6章 绿色农房建造技术信息系统，由北京工业大学张建、苗强国、曹万林著。北京工业大学博士后刘文超为本书的撰写做了大量工作。全书由曹万林、陈以一、董宏英统稿。

本书的研究工作得到了国家科技支撑计划项目"美丽乡村绿色农房建造关键技术研究与示范（2015BAL03B00）"课题"绿色农房技术集成研究与综合示范（2015BAL03B01）"的资助，在此谨表诚挚的感谢！

由于作者水平有限，书中不妥之处在所难免，诚恳有关专家和读者批评指正。

目　录

第 1 章　美丽乡村绿色农房规划与案例

1.1　概述

近几年，我国农村地区随着经济水平的提高及环保意识的增强，相继开展了美丽乡村绿色农房建设，进而涌现出一大批优秀绿色农房案例，基于各地区气候条件、传统民居样式各不相同，建设出的绿色农房也各具特色。本章选取了涵盖不同气候区的七个美丽乡村绿色农房规划与建筑设计案例，案例分别选自陕西省、青海省、内蒙古自治区、浙江省、河北省、江苏省及山东省，从概况、传统民居介绍、新型民居介绍、建筑结构与材料创新、绿色技术创新五部分展开分析，通过介绍当地气候环境、传统民居特色、新型民居及其材料技术创新点几个层面，展示近年来依托传统民居特色，在传统民居基础上开展的新型优秀绿色农房实例，为日后的绿色农房规划建设提供借鉴参考。

1.2　优秀绿色农房案例分析

1.2.1　陕西省延安市枣园村新型绿色窑洞

1. 概况

延安市位于陕西省北部，地处黄河中游，该地区在水流的冲刷及寒冷干燥气候的影响下，形成了地球上分布最为集中的黄土区——黄土高原，黄土高原总面积达 64 万 km^2，该区域内气候干燥、植被稀少、降水集中并且水土流失严重，因此该地区地貌以黄土高原、丘陵为主。由于缺少建造材料，早期居民尝试利用黄土修建民居，天然黄土层由于具备土壤紧实、密度较大、保温隔热效果好等优点，当地人便因地制宜地在黄土层中开凿洞穴用于居住。由于黄土层是受风力作用产生的沉积物，因此半山腰及山脚下等土壤密实的位置十分有利于开凿靠山式窑洞，后来平原地带渐渐也出现了下沉式窑洞及独立式窑洞。

枣园村位于延安市区西北向 7km 外的西北川，地处一连山与二连山之间的山坡之上，坐北朝南，北面背靠高山，南面是山脚下的西川河及川地。枣园村山地、坡地植被稀少，水土流失严重，具有典型的陕北黄土高原地貌特征。新型绿色窑洞通过对建筑生活系统、生产系统及生态环境的重新规划设计，以节约土地为原则进行基本生活单位及窑居规划建设，传统窑居与阳光间的结合体系形成了新式窑居空间形态，通过对不同生活组团布局的组合，形成丰富的窑居外部空间形态，将道路系统、绿化系统及其他公共设施统一整治，建立以可再生自然能源为主要能源的消费模式，有序地排放及处置废弃物、污染物，使枣园村成为生产生活与自然生态环境和人工环境良性循环的、具有现代生活品质的绿色窑居住区。

2. 传统窑洞民居介绍

延安地区传统单体窑洞受当地环境影响，主要为靠山式窑洞，立面自上至下分为女儿墙、墙体、门窗三部分，门窗部分则又包含天窗、小窗、窗台、门、踢脚等构件，整体上粗实的墙壁与精巧的门窗格栅装饰形成对比，使立面十分生动（见图 1.2.1）。窑洞内部宽度前后基本相等，这样的平面形式有利于室内家具布置及采光通风，部分窑洞会在底部及侧部挖较小的窑洞作为储物空间，使窑洞平面上形成 L 形及十字形。随着家庭人口的增加，有的窑洞内部之间相互连通形成连体窑洞，两窑相连形成套窑，分别作为卧室和起居室，三孔窑洞相连则形成一室两厅的格局。但连体窑洞的间数大多不取双数，因为当地人认为四、六数不成材，并且单间数的连体窑洞便于形成厅及室，中间的窑洞作为起居室与外庭院相连通，两侧的窑洞则可设置火炕或摆床，连体窑洞内部联系又分为内廊和外廊两种连接方式（见图 1.2.2）。

图 1.2.1　延安地区传统窑洞立面图

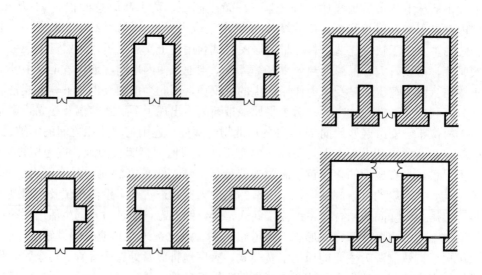

图 1.2.2　传统窑洞平面形式

3. 新型绿色窑洞介绍

枣园村新型绿色窑洞在参考传统窑洞平面布局基础上，缩小南北向轴线尺寸，增加东西向轴线尺寸，增大了南向开窗面积，改善了窑洞内部的室内光环境，充分利用了太阳光（见图 1.2.3～图 1.2.6）。对于窑居室内热环境，主要从南侧门窗保温性能处入手，窗户改用双层窗或单层窗夜间加保温以增加门窗的密闭性能。同时利用被动式太阳能采暖，如设置阳光间，使原来的南侧门窗不再直接对室外开放，而是通过阳光间过渡到室外。夏季为避免阳光过于强烈，南窗可设置遮阳板，或种植藤蔓植物以遮挡阳光。室内通风采用自然通风或通风竖井，自然通风简单方便，虽然北面开窗必然会损失窑洞内温度，但同时能够改善室内后部的光照环境，因此在应用北面开窗形式时，尽可能地缩小北面窗户面积，采用双层窗或设置保温装置，避免室内热量流失。

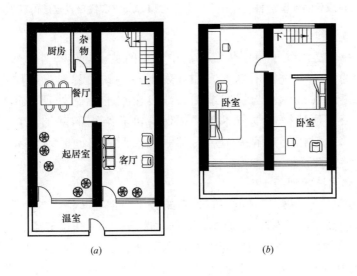

图 1.2.3 新型窑居平面图-户型 1

（a）一层平面图；（b）二层平面图

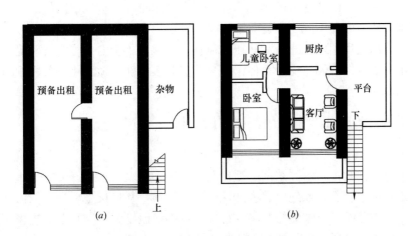

图 1.2.4 新型窑居平面图-户型 2

（a）一层平面图；（b）二层平面图

3

图 1.2.5 建成后的新型窑居照片

图 1.2.6 农民自发建造的新型窑居照片

4. 建筑结构与材料创新

枣园村新型绿色窑洞除了使用传统窑洞中常见的黄土与砖石外，对于乡土材料的改进及箍窑技术的完善也进行了创新，如开发生态型砌块材料；运用部分混凝土构件，以提高多层窑居的整体性与抗震能力；改良窑居的土基处理、砖石砌筑、拱膜制作、窑顶覆土及屋顶植被恢复技术等。在保持拱券结构的基础上，利用圈梁与楼板结构使窑居后部上下错层，解决窑居后部采光的问题，同时划分室内不同功能空间，适应现代生活需要。

5. 新型绿色窑洞技术创新

该项目实施和推广了一整套绿色适宜性建筑技术，主要包括：常规能源再生利用技术、可再生自然能源直接利用技术、窑洞民居热工改造技术、建筑节能节地技术、窑居室内外物理环境控制技术、污染物与废弃物的资源化处置及再生利用技术、主体绿化技术等。在新建窑居中附加的阳光间，以玻璃替代了传统麻纸，增加了房屋采光度。村内大量普及太阳能热水器，为村民的生活提供了方便的同时，也节约了烧水所需的常规能源，减少了对环境造成的污染。部分窑居进行了地冷地热技术的试验，具体做法为：在院内挖一个地窖，通过通道与室内墙壁上的排气扇相连通，利用排气扇进气或出气，在改善室内空气质量的同时，使室内环境既能在夏季降温又能在冬季得热，调节了室内温度。全部新型窑居都合理地组织运用了风压通风和热压通风技术，保证了室内冬季换气和夏季降温的要求，外窗应用了双层保温隔热窗，窑体采用多功能和多样性窑顶绿化以及窑顶新型防水等技术（见图 1.2.7）。

1.2.2 内蒙古自治区扎兰屯卧牛河镇移民新村

1. 概况

扎兰屯市位于内蒙古自治区东部、呼伦贝尔市南端，背靠大兴安岭，面眺松嫩平原，卧牛河镇地处扎兰屯北部，该地区属大陆性半干旱气候，其特点是干旱、低温、冰雹、早霜、大风等。冬季较长，夏季短暂，冬季最冷月份平均温度为 $-17℃$，历史极端最低气温为 $-39.5℃$，冬季主导风向为偏北风，室外平均风速为 $2.7m/s$。卧牛河镇地处扎兰屯北部，当地虽然有较多的少数民族，但是在建筑形制上已逐渐汉化（见图 1.2.8）。

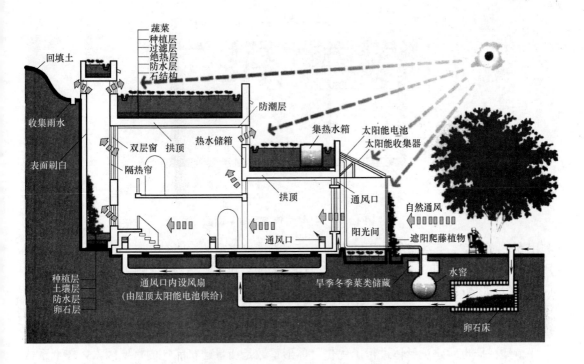

图 1.2.7　新型窑洞建筑设计原理图

图 1.2.8　扎兰屯传统村镇民居照片

2. 当地传统民居介绍

当地传统民居多为三开间布局，两侧布置卧室，中间为厨房，使用模式较为单一，卧室担负着交流、休息、用餐等多种功能，功能流线交叉、干扰严重，致使居民使用极为不便（见图 1.2.9）。同时对于冬季保温也存在一些问题，如墙体未采取保温措施，多数外墙仍为 370mm 砖墙，建筑冬季采暖能耗较高，墙体内表面结露严重等。此外，由于人们对室内热舒适环境要求的提高以及近年极寒天气的频发，导致建筑采暖负荷显著增加，能源浪费较为严重。

3. 新型民居介绍

新型民居在功能布局上增加了起居室、餐厅及卫生间等独立的功能空间，考虑到村民的生活习惯及传统住宅采暖方式，将卧室与起居室相连，利用拉帘进行隔断，提高房间的

5

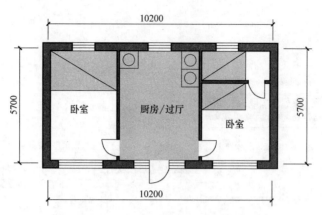

图 1.2.9　扎兰屯传统民居平面图

利用率。将卧室、起居室等使用频率高、室内温度要求高的房间布置在南向，最大程度利用日照取暖，与此同时，将储藏室、北门厅等辅助空间布置在房屋北侧，形成"温度缓冲区"，避免北侧冷风渗透对室内温度的影响。厨房（热源）、餐厅等公共空间设置在建筑的中心位置，并靠近卧室等主要房间，使热量得到充分的利用，以形成合理的冷热分区（见图 1.2.10、图 1.2.11）。

　　新型民居也对建筑形体进行了优化，体形系数是衡量建筑能耗的重要因素，体形系数越大，能耗就越高，有数据表明，体形系数每增加 0.01，能耗增加约 2.4%～2.8%；每减少 0.01，能耗减少约 2.3%～3%。严寒地区传统民居多为 1～2 层独立式住宅，建筑面积在 60～180m² 之间，体形系数分布在 0.88～0.58 之间，非常不利于节能。因此，为了降低能耗，尽可能地减小建筑的体形系数，新型住宅建筑平面采用较为方正的平面布局（见图 1.2-11），同时建筑体型避免了过多的凸凹变化。经过计算，新型单层独立式住宅的体形系数为 0.71，比传统的单层独立式住宅（体形系数 0.88）更为节能。

图 1.2.10　新型民居照片

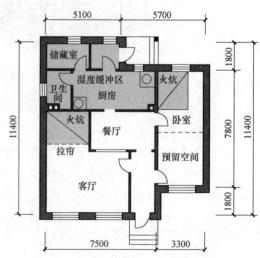

图 1.2.11　新型民居平面图

4. 建筑结构与材料创新

围护结构性能的优劣对于冬季建筑的保温与能耗有着重要影响，针对严寒地区传统民居围护结构传热系数大、住宅采暖能耗大、保温性能差、围护结构内表面结露严重等问题，新型住宅的外围护结构采取了一系列优化措施：

（1）外墙（见图1.2.12）。考虑到卧牛河镇的施工条件及使用现状，外墙采用复合夹心墙体，内侧为240mm砖墙，中间为100mm挤塑板（两层错缝铺贴），外侧为120mm砖墙保护层，内外墙之间采用钢筋网片作为拉结件。

（2）屋顶（见图1.2.13）。保持了传统民居瓦屋面的形式及木屋架的做法，在吊顶上部增设150mm挤塑板保温层，板材交接处用聚氨酯发泡填充连接，以避免热桥。

（3）门窗。采用双层双玻塑钢窗，南北入口为双层金属保温门，相比传统民居的双层木窗及木门，极大地增加了门窗的保温性能。

（4）地面。地面一直是农村住宅保温中的薄弱环节，为改善地层的保温性能，增加铺设100mm挤塑板保温层，并延至外墙内侧，以切断热桥。

此部分内容请参阅文献[7]。

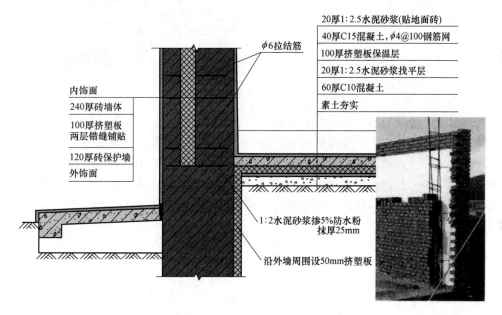

图1.2.12 新型民居外墙及保温构造

5. 采暖方式创新

火炕采暖是北方严寒地区农村住宅主要的采暖方式，由于其能够为居民营造舒适的室内微热环境，一直深受广大农民喜爱，因此该项目在设计中保留了火炕，但是传统单纯依靠火炕进行采暖的模式很难满足住宅的供暖需求，而且容易造成室内温度分布不均匀等问题，难以满足室内居民的舒适性要求。因此，在新型住宅设计中，增加了地板辐射的采暖方式，采用"火炕加地板辐射"的采暖模式，使室内温度更加适宜居住。

1.2.3 青海省西宁市兔儿干村新型庄廓院

1. 概况

兔儿干村所在的湟源县位于青海省西宁市西部，地处青海省东部农业区西端的日月山东麓，属于青藏高原与黄土高原的过渡地带。湟源县城城关镇距省会西宁市52km，因为

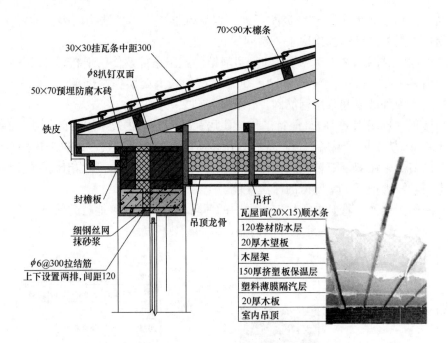

图 1.2.13　新型民居屋顶保温构造

地处内地通往西部牧区和西藏的交通要道位置，所以有"海藏咽喉"之称。兔儿干示范民居选址基地地形特殊，该基地坡度较大，坡向由北向南，在这样的地形上，建筑布局选择错层处理，充分结合地形，减少施工土方量，同时便于民居使用。民居入口设置在院落西南角，朝西，内部北侧两层，南侧一层，中间为庭院空间。院墙在处理时，将靠近地面部分做石材砌筑，形成锯齿状次与地形坡度形成一致的走向，如图 1.2.14 所示。

图 1.2.14　兔儿干村新型庄廓院照片

2. 传统庄廓民居介绍

"庄廓"一词为青海方言，"庄"指的是村庄，"廓"则为起到防御功能的外墙，早期由于青海地区气候寒冷、战乱频发，当地民居将防御匪患及抵抗严寒作为民宅最主要的需求功能，因此形成了四面围墙环绕的庄廓院。

青海地区由于历史上经历过多次战争及移民，当地居住着汉、藏、蒙、回等多民族，各民族之间随着文化交流，其生活方式、居住模式也互相影响，所居住的庄廓院也各有异同（见图1.2.15）。

传统庄廓院多为坐北朝南，占地面积1亩左右，平面呈方形，外墙厚约0.8m，高5m，南面外墙正中心位置布置院门，院内靠四面外墙建房形成四合院，整体展现出以大门为中心的中轴线左右对称格局，四合院中间留出庭院，可种植花草。院内北房为正房，面阔三间或五间，为家中长者居住及供奉佛像和祖先神位用房；东房面阔五间，北侧为子女卧室，南侧布置厨房；西房为住房或仓库；大门两侧的南房作为堆放杂物及农具的储藏室；东北角布置驴马圈，西南角布置厕所。对于一些大户人家则会建造一进两院及三院，外院堆放杂物，内院供家人居住，北房也可建造二层（见图1.2.15）。

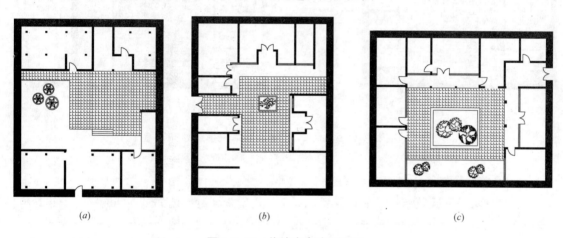

图1.2.15 传统庄廓院平面图
（a）藏族庄廓；（b）回族庄廓；（c）汉族庄廓

3. 新型庄廓院介绍

新型庄廓院在传统庄廓平面布局基础上，结合现代技术及使用需求进行改造升级，改造后功能布局更加合理（见图1.2.16），具体表现在：

（1）附加式阳光廊结合阳光庭院设计。在现有很多传统庄廓民居已经开始加建附加式阳光廊的基础上，新式民居在庭院设计中，将庭院与阳光间结合，整体作为阳光房布置，阳光庭院两层通高，两层的房屋充分利用太阳光取暖，不仅保温效果明显，使民居内部的庭院在严寒的冬日成为阳光暖房，同时提高了整个庭院空间的使用效率。

（2）庭院中布置楼梯间。在传统的庄廓民居中，一层上到二层的楼梯较为简陋，多为镂空的木质楼梯或钢梯，安全系数较低，对于老人及小孩使用非常不安全。在新式民居中庭院一角的位置设置混凝土楼梯，结合景观布置，既满足交通功能需求，又丰富庭院视觉景观。

（3）增设庭院空间。在该民居东侧为一处年代较久的传统土墙庄廓民居，在改造中将该处空间内部土墙进行加固，再对其进行装饰，使之成为新式民居内部庭院与外部庭院间的过渡空间，具有引导作用。

（4）院内增加车库。随着人们经济水平的提高，逐渐家家户户都有停车需求，因此合理地设置停车库成为新民居设计中必须增加的功能空间，在新式民居中，有效利用院外与南侧其他民居间的空地设置车库。

（5）室内优化布局。将卧室与卫生间紧密布置，改善传统庄廊民居中卫生间位置偏僻的缺点，方便居住者使用。同时将炕布置在卫生间旁，使太阳能热水器所供给的热水兼顾卫生间及热炕使用。

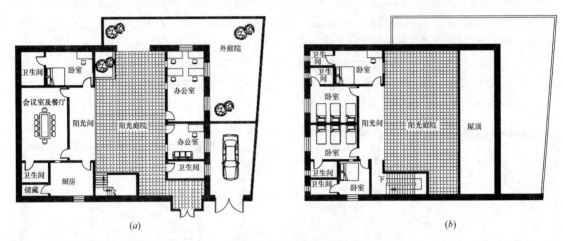

图 1.2.16　兔儿干村新型庄廊院平面图

(*a*) 一层平面图；(*b*) 二层平面图

4. 建筑结构与材料创新

新型庄廊院在建筑结构与建筑材料选择上，以传统建造技艺为主，同时结合现代材料及技术进行优化，主要创新体现在外部结构、屋顶保温、内部装饰等方面：

（1）土钢结构的应用。新型庄廊院选取土钢结构代替原有的松木结构以提高民居结构的坚固稳定性，同时将生土院墙的营造与钢柱结合起来，通过土墙包裹着，钢柱不容易失稳，有利于增加钢柱的强度，并且钢材可回收再利用，更加生态环保。

（2）夯土墙的优化。庄廊院墙营造时，在选取传统营造材料生土、石材的基础上，优化夯筑院墙所使用的生土材料配比，将传统的人力夯筑工具改为机器夯筑，同时改善夯筑时所使用的模具，以便使用时更好地固定以及拆卸，使夯筑完成的墙面更加平整美观。

（3）生土砖的优化。对于砌筑墙体的生土砖采用压制土砖代替传统火烧砖，压土砖的生产无须烧制，减少了火烧砖制造中所耗费的燃料，也减少环境污染；其次压土砖上设置凹槽，砌筑时有效增加砖和水泥砂浆之间的结合面，提高其之间的粘结度，使墙体更加稳定。

（4）镁水泥发泡屋面保温。镁水泥具有优良的绝热性能，其导热系数低，为保温、隔热的优良材料，还有一个特点是轻质低密度，因此采用镁水泥代替生土铺设屋顶，提高了屋顶保温性能，同时也可以减轻建筑物屋顶自重。镁水泥在生产过程中无有害气体和废物排放，节能环保，并且其抗冻性好，在复杂的天气变化中仍能保持自身物理化学性能稳定。

（5）生态木做室内装饰。生态木是木塑材料的一种，主要原料是由木粉和PVC添加其他增强型助剂合成的一种新型绿色环保材料，具有防水、防蛀、防腐、保温隔热等特点，可适用于室内地板、墙面、天花吊顶、门框、窗框、各种装饰线条等部位。该材料结合了植物纤维和高分子材料两者的诸多优点，其物理表观性能具有实木的特性，能大量代替木材，减少树木砍伐，同时利用了秸秆、木屑等材料，避免这些材料焚烧造成的环境污染。

5. 新型庄廓院绿色技术创新

新型庄廓院在节能与保温等绿色技术上也进行了创新，通过现代技术与传统民居相结合，营造出更加适宜的室内居住环境（见图 1.2.17），具体包括：

（1）太阳能热炕系统。该系统由太阳能集热器、循环水泵、太阳能炕、蓄热水箱、辅助热源以及相应的管路和控制设备等组成，一年四季都可以为使用者提供生活热水，同时冬季也可兼顾采暖。太阳能热炕就是将热炕与太阳能热水器相结合，采取低温热水地面辐射供暖原理，将地暖盘管布于炕体表面，将热水器内热水通过水泵循环至地暖管内，实现热炕加热，热水利用率达到了 90%，采暖温度达到了 20℃以上，同时室内温度也会提高，配上保热源、保温墙体的新材料的使用，使室内更加舒适。太阳能热炕系统的使用不仅节省了燃料，降低了污染，同时也方便了使用者的日常生活用水需求。

（2）碳纤维地暖的应用。碳纤维地暖是电地暖的其中一种，发热原理是利用电流激发碳纤维导体中的分子，使其产生不规则碰撞来发出热量。该地暖系统电能转换效率高，安全无污染，制热效果好，且升温迅速，通电后 5 分钟内地暖板即可达到设定温度，并且由于碳纤维地暖独有的保暖层具有蓄热性，不会在停止供暖后，温度迅速降低。碳纤维地暖在该民居中主要利用太阳能发电进行供电使用，对比传统采暖模式更加高效且环保。

（3）阳光庭院结合绿色技术。在民居内部整体布置阳光庭院，即将附加式阳光间的工作原理借鉴到庭院中，在庭院上部覆盖阳光板，庭院一侧设置通风口，形成冷热空间交换，在保温防寒的基础上，提高院落内部空气流通。为了避免阳光庭院上部覆盖的玻璃结露，使用 PC 三层阳光板，该阳光板一面镀有抗紫外线（UV）涂层，另一面进行抗冷凝处理，集抗紫外线、隔热防滴露等功能于一身，当室外温度为 0℃，室内温度为 23℃，室内相对湿度低于 80% 时，材料的内表面不结露。并且这种阳光板重量轻，不易碎裂，便于运输、搬卸、安装，同时降低了成本。

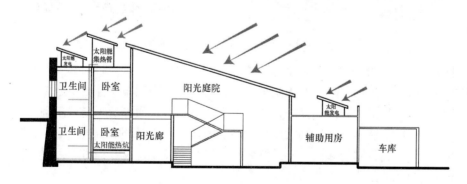

图 1.2.17　兔儿干村新型庄廓院绿色技术整合图

1.2.4　浙江省安吉县生态屋

1. 概况

浙江安吉地区隶属于浙江省湖州市，地处环太湖流域的杭嘉湖平原西北部，北临长江入海口，东濒东海，南倚天目山，属于地势相对平坦的低山丘陵区。安吉县盛产竹材，素有"中国竹乡"之称。

安吉剑山村的4栋生态屋从2005年起开始建造，这4栋生态屋利用当地乡土材料，如泥土、砂石、木材、竹子等用于建造房屋，同时运用了诸多乡土营造技术，如传统承重体系、轻质黏土技术，但在继承传统技术的同时进行技术改良，如在传统夯土技术、木结构支撑技术中又引入新式材料及技术，提升了传统工艺的实用性，践行了绿色生态的理念。如图1.2.18所示。

图1.2.18 一号生态屋外观及内部照片

2. 当地传统民居介绍

安吉传统民居多为一层房屋，无院落，少数人家为三合院布局并设有堂屋，这是一种沿袭北方中原地区带来的合院式民居，从建筑形象上来看，明显特征是建筑围合天井式厅堂，厅堂四周附以白墙、青瓦、马头墙、木门窗的构件，同时，安吉县境内多丘陵，平原较少，当地天气炎热且潮湿多雨，建筑既要日照采光，又要避免室内过于闷热，还要兼顾避雨，使得天井十分紧凑，建筑布置较为密集。

3. 新型生态屋介绍

新式民居借鉴传统民居天井式布局模式，一层南侧正中布置院落，两侧为卫生间及厨房，北侧为二层主体建筑，楼下设置堂屋，楼上为主人卧室和活动室（见图1.2.19）。二层为保证卧室采光需求，南侧不设房间，屋顶平台具备储存雨水功能，仅在院落中心水井上方布置天井。新型生态屋整体格局紧凑，兼顾采光通风需求，适宜居住。

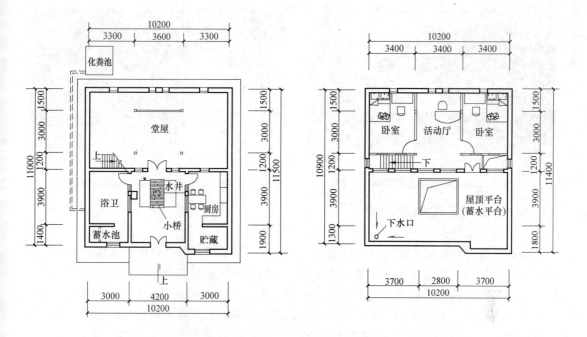

图 1.2.19　一号生态屋平面图

4. 建筑结构与材料创新

（1）夯土墙体技术

泥土作为从古至今一直被使用的建筑材料，具有良好的蓄热性能和承重性能，其吸水特性可以调节室内空气湿度，取材便利，可循环重复使用。然而传统的夯土墙体由于工艺简单，也存在着易于开裂、所建房屋室内空气流通不畅、采光差等缺点。在安吉生态屋的建造过程中，引入现代设计理念，根据现代生活需求改良传统的夯土砌筑技术。传统墙体易于开裂，究其原因，主要有三点：一是由于地基不稳固导致墙体沉降不均；二是泥土密实度不够，水分挥发后墙体出现开裂；三是黏土比例过高，泥土湿度大，这是导致开裂、变形的主要原因。为避免地基沉降，将夯土墙体下现浇钢筋混凝土圈梁，且圈梁高于室外地面，以隔绝雨水的侵蚀。同时对砌筑材料进行改革，在黏土中加入砂子，及适量的外加剂水泥、熟石灰，经过充分搅拌混匀，可增强墙体稳固性。

（2）木结构承重体系

木材曾是最为常见的建筑材料，但随着水泥、钢筋、砖等工业化建筑材料的普及，农村地区使用木材建造房屋的比例越来越小。但木材作为建筑支撑材料依旧有其显著的优点，如木结构体系房屋抗震效果好；木材可就地取材，不需要远距离运输；可以重复利用。

（3）轻质黏土隔墙

轻质黏土的密度在 $400\sim1200\mathrm{kg/m^3}$ 不等，其隔热性能很好，可制成砖，也可用来做墙体填充材料。安吉生态屋的具体做法是将木屑和黄泥按 3∶1 的比例混合，加水搅拌，用于木框架填充式材料使用（见图 1.2.20），也可以作为坡屋顶处保温隔热构造层使用（见图 1.2.21），还可以作为内饰材料。

图 1.2.20　轻质黏土用作填充材料

图 1.2.21　轻质黏土坡屋顶的隔热构造层

5. 新型生态屋绿色技术创新

（1）风压通风技术

根据风压原理，室内最大气流速度会随着出风口与进风口尺寸比值的增加而增加，而进风口与出风口面积大小不等，将会加强通风口附近的风速，进而增强室内的自然通风效果。生态屋南北两侧墙材质不同，南墙为砖墙，因此开大面积的门窗洞，北墙为夯土墙，不宜开大窗，因此北侧窗洞口为竖长形条窗，这样便能利用风压通风技术增强室内的自然通风效果，也可通过改变窗扇的开启数目，调节进、出风口的面积比例，如图 1.2.22 所示。

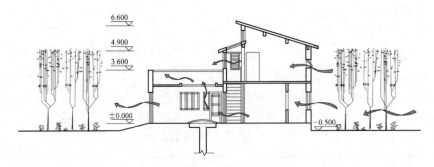
图 1.2.22　室内通风示意图

（2）增大自然采光面，充分利用自然采光

生态屋前低后高的格局避免了南侧对阳光的遮挡，二层建筑南墙几乎全为玻璃覆盖，窗洞开口很大，加上高窗及玻璃走廊玻璃顶，使室内光线十分充足，这些区域冬季可作为阳光间。夏季，玻璃顶将被遮蔽以阻挡顶部阳光进入室内，同时因为夏季太阳高度角较高，向外出挑的屋檐也起到窗口遮阳的作用，如图 1.2.23 所示。

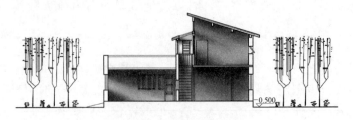
图 1.2.23　自然采光示意图

1.2.5　河北省"自维持"住宅

1. 概况

"自维持"住宅于 1971 年被提出，是欧洲对绿色建筑研究最早、最有代表性的理论研究，其具体定义为："它是一个完全独立运转的住宅，不需要市政管网的供水、供电、供气和排污系统支持，而是依靠和它紧密相连的自然界，利用阳光、风产生的能源代替供电，收集雨水代替供水，排污自行处理，并强调与周围环境的和谐共生。"

河北省农村地区现存大量围护结构单一、舒适性较差的老旧农房，其中土木结构的住宅多为危房，抗震性能较差；砖混结构的住宅相对较好，但仍需改进，特别是在保温方面，大部分墙体缺少保温措施，墙体厚度不达标，部分住宅采用木窗，保温及气密性较差，门窗缺少保温处理。在此基础上，运用现代绿色技术，建设具有"自维持"特点的农村住宅。

2. 传统河北民居介绍

河北农村地区农宅多为土木或砖混结构，外墙以 240mm、370mm 厚为主，屋顶铺设植物秸秆，近年来逐渐选取铝合金门窗替代原有木门窗，房屋整体保温性能较差。民居平面布置较为简单（见图 1.2.24），正房一般有 3～5 间，开间约 3m，进深约 5m，以将厅堂布置在中心的三间房为一组布置，在厅堂的中心布置灶台，充分利用做饭产生的热量加热两侧卧室的火炕，厅堂内另一侧布置餐厅及会客室。而对于冬季不以火炕为主要采暖方式的民宅，一般厅堂不设灶台，专门设置一间厨房，内部安装煤炭采暖炉，厅堂内则只作为会客和餐厅使用，这样的组合一般为五开间。

图 1.2.24　河北地区典型三开间及五开间住宅平面图

3. 新型"自维持"住宅介绍

根据河北农村地区农宅使用现状，用地面积选取 200㎡ 进行新式民居设计。平面布局分为三段：南侧为前院，外墙东南角布置大门，院内可通过室外楼梯登上中部主要住宅的二层平台；中部为主要生活区，一层南侧布置卧室及起居室，北侧布置厨房及卫生间，二层仅在靠北一侧放置次卧室及卫生间、储藏室，二层南侧为屋顶平台，可用于蔬菜种植及作物晾晒；北侧通过可停车的内院与生活服务区隔开，生活服务区包含沼气池、鸡舍等房间（见图 1.2.25）。

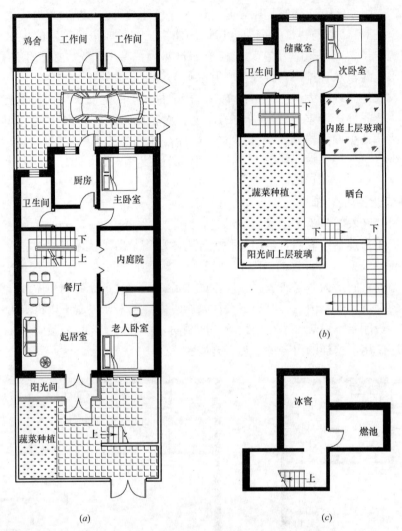

图 1.2.25　新式"自维持"住宅平面图

(*a*) 一层平面图；(*b*) 二层平面图；(*c*) 地下一层平面图

4. 新型"自维持"住宅绿色技术创新

(1) 以"土法新用"为方向的供暖设计。

农村传统供暖及能源利用技术包括火炕、火墙和燃池等方法，这些技术存在转化率低、浪费能源等诸多不足，但发掘潜力巨大，具有可改进和完善空间，因此，以"土法新用"为方向来推广适合农村"自维持"住宅的采暖技术，具有重要意义，如基于传统火炕火墙改进而成的太阳能卵石蓄热炕采暖技术、独立式火墙与相变蓄热材料结合技术、火墙式火炕热水供暖技术和燃池火炕系统采暖技术等。

(2) 以被动式太阳能为主要方向的供暖技术。

被动式太阳能技术适合用于"自维持"住宅供暖，其具有造价低，效果显著等优势。在被动式采暖中常采用集热墙和阳光间结合利用，针对农村"自维持"住宅的具体要求，需要对这两种技术进行进一步更新，结合具体材料，开发出新型集热蓄热墙和阳光间地面蓄热技术。

（3）以沼气利用为方向的供气、供电设计。

对农村"自维持"住宅的供气、供电可以考虑利用沼气，沼气在农村易于得到，产生的沼液和沼渣又可以还田，综合价值较高。在供气方面，沼气发酵需要足够的温度，由于河北属于寒冷地区，可以考虑设计太阳能沼气池，用太阳能提高温度以解决冬季沼气产量低的问题。在供电方面，也可利用沼气灯照明、沼气发电机发电。

（4）被动式降温为主要方向的通风设计。

农村"自维持"住宅通风以被动式降温为主，其投资和运行成本较低，适合大部分农户使用。但是为了提升居民的生活品质，改善夏季通风质量，完全的被动式通风不一定可取。因此，"自维持"住宅通风方式以被动式降温为主，但可少量辅以机械通风，如可以采用蓄冷蓄热通风方法和农村太阳能烟囱设计方法。

（5）以雨水收集为主要方向的供水设计。

"自维持"住宅的供水来源主要以收集雨水为主，为了保证住宅用水量的充足，在农村还要辅以挖井取水或村庄供水。在我国干旱少雨的西北地区，水窖是农户储存雨水的传统方法，依靠地表径流使雨水流到地下所挖的窖中进行储存，便可利用水泵进行取水使用。水窖对于夏季用水起到很好的补充作用，灌溉、洗衣、饮用均可，因此，可以将水窖应用到农村"自维持"住宅中，但是随着人们对水质要求的提高，传统水窖已不能满足人们的需求，其还需完善有效的过滤系统。

同时，农村"自维持"住宅还可进行简单的污水处理，净化后的污水可用于农田灌溉及冲洗厕所。农村污水处理方法很多，如高效藻类塘、生物滤池、人工湿地、无动力地埋式生活污水处理、生活污水净化沼气池和地下土壤渗滤等方法，可根据实际情况选择适合的污水处理技术。

1.2.6 山东省滨州市窦家村被动式太阳能节能住宅

1. 概况

滨州市位于山东省东北部，距黄河入海口约110公里，项目所在地窦家村是典型的黄河三角洲村落，村内基础设施建设较为落后，大部分居民还生活在原始的土坯房或红砖房内，少量新建楼房也存在通风、保温性能较差的问题，因此在该地区进行被动式太阳能住宅的实践十分必要，同时探讨在控制成本的基础上尽量提升农宅的舒适度。

2. 传统山东民居介绍

山东农村地区民居多为一层砖混结构，上部为坡屋顶，外观较为简洁（见图1.2.26）。建筑平面多为"一字排开"的矩形平面，居中布置门厅，两侧为卧室及客厅，人口较多的家庭则在此基础上对内部空间进一步划分，可隔离出两至三间卧室，屋内北向也可布置卫生间（见图1.2.27）。外部以房屋为中心南北布置院落，南院面积较大，作为主要的室外活动使用场所，而北院较小且紧凑，兼具停车、堆放杂物、养殖家禽等功能。

图 1.2.26　山东民居照片

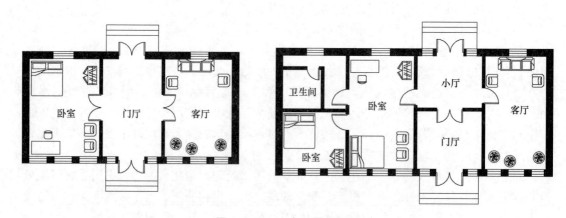

图 1.2.27　山东民居平面图

3. 新型节能住宅介绍

新式节能住宅通过合理布置平面功能，最大限度地控制了建筑的体形系数，降低了建筑耗热量，对于整体布局上采取两到三户为一单元进行联排布置，既降低整体体形系数，又便于村庄道路布置。由于该地区家庭多为两至三代同堂居住，家中至少有 5 口人，所需卧室较多，综合使用需求与节能需求，将每户住宅设计为两层，层高定为 3.3m，屋顶为坡屋顶形式，内部布置阁楼，既满足不同季节隔热及保温需求，又能在需要时将阁楼布置为卧室。对于室内平面布局，基于当地传统民居的基础上，加大建筑物进深，使建筑平面接近正方形，降低各房间热损耗，同时将热环境质量需求较低的房间（如厨房、楼梯、卫生间等）布置在冬季室内温度较低的北侧，而将卧室及起居室布置在房屋南侧，并在南侧客厅外布置阳光间，使其有效隔离室外的冷空气，同时阳光间内可布置盆栽以改善室内环境（见图 1.2.28）。

4. 建筑结构与材料创新

山东地区农宅普遍以火炕作为冬季采暖方式，但传统火炕也存在热效率低、浪费能源等问题，因此在传统火炕基础上改造设计新型太阳能热炕，该热炕下部架空，避免了传统

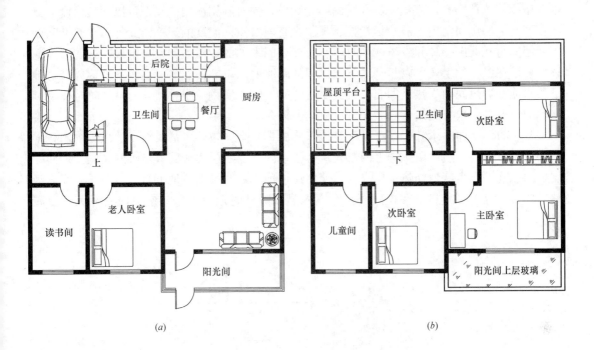

图 1.2.28 新式节能住宅平面

（a）一层平面图；（b）二层平面图

火炕直接落地而引起热量散失较快的问题，同时在混凝土预制板上铺设聚苯乙烯保温层及铝箔反射层，不但加强了内部保温能力，同时也能使热量尽量向炕面一侧辐射（见图1.2.29）。太阳能热炕下布置的蓄热材料也能在白天吸收并存储太阳能，晚上再将这部分热量释放出来，使热炕内部始终保持较舒适的热工环境。

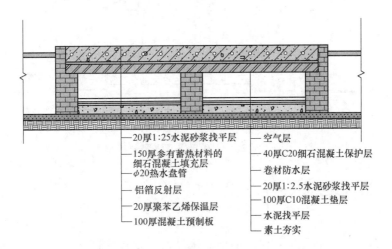

20厚1:25水泥砂浆找平层　　空气层
150厚参有蓄热材料的　　　　40厚C20细石混凝土保护层
细石混凝土填充层
ϕ20热水盘管　　　　　　　　卷材防水层
铝箔反射层　　　　　　　　　20厚1:2.5水泥砂浆找平层
20厚聚苯乙烯保温层　　　　　100厚C10混凝土垫层
100厚混凝土预制板　　　　　 水泥找平层
　　　　　　　　　　　　　　素土夯实

图 1.2.29 新式太阳能热炕

5. 新型节能住宅绿色技术创新

新式节能住宅在设计时充分考虑各季节室内通风、采光、遮阳需求，夏季利用南侧树木茂密枝叶遮挡阳光，避免一层客厅的阳光直射，同时利用南向挑檐上可以调节角度的遮阳板调节二层房间室内光照，尽量控制了阳光直射对室内温度的影响。此外，在打开南向阳光间外窗和北向楼梯间外窗的同时，开启楼梯间上方的拔风烟囱，可形成良好的室内通风环境，在此基础上还可以打开地下通风间的南北通风口，使温度较高的室外热风经过地下蓄水池及通风间内吸热鹅卵石，待其温度降低后吹入室内（见图 1.2.30）。同时夜晚利用室内外温差，也可利用这套系统进行夜间通风。

冬季时，南向乔木叶子落下，配合人工修剪掉多余树枝，可最大限度地减少树木枝干对阳光的遮挡，开启南向挑檐上的遮光板，使室内一、二层都能获取足够的光照。南向一层的阳光间可以很好地加热室内空气，使之通过地下室时可加热地下蓄水池及通风间内吸热鹅卵石，这一部分热量在夜间可以在室内温度降低时散发出来，使室内夜晚保持温暖（见图 1.2.30）。

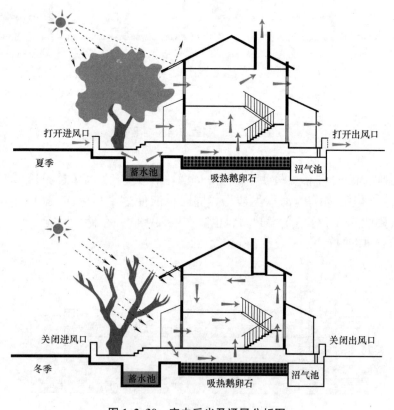

图 1.2.30　室内采光及通风分析图

1.2.7　江苏省沿海地区农村生态节能住宅

1. 概况

江苏沿海地区处于我国东部沿海的中心区域，主要包括连云港、盐城、南通等城市。该地区地势平坦、交通方便，太阳能、风能、水能资源丰富，但由于临近海边，常年湿度较大，且冬季、春季风速较大，特别是当冬季寒潮南下时，带来的大风强降温十分影响居民生活，同时当地农村住宅技术相对落后，能耗高但舒适度较低，因此需要适宜当地环境的节能住宅改造建设。

2. 当地传统民居介绍

江苏地区气候温和湿润、水域丰富，传统民宅多为临水而建，内部布局紧凑，一般为两层住宅并建有阁楼，内部层高及门窗普遍较高，以营造良好的通风环境，外部出檐较深、墙体较薄，配合粉墙灰瓦营造出朴素的民居特点。平面布局以堂屋为中心左右对称，较大的住宅则分为两层，并设置天井，各房间围绕天井环绕布置，但由于各户用地有限，天井尺寸普遍较小，也缺少院落，仅能满足基本的采光通风需求（见图1.2.31）。

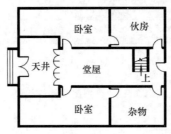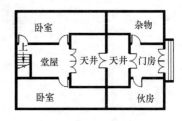

图 1.2.31　江苏地区传统民居平面图

3. 新式生态节能住宅介绍

由于当地多为三世或四世同堂，结合当地村民生活习惯及经济条件，新式民居占地面积控制在 $200m^2$ 左右，共三层楼，每层层高3m。内部功能布局延续了传统住宅的布局模式（见图1.2.32），即以堂屋为中心，四周布置使用房间，一层北侧为厨房等功能房间，除老人房外全部卧室均布置在二层，三层为书房、设备间及屋顶露台。庭院内设置牲畜棚及柴草堆放处，院落东南角放置车库。

图 1.2.32　生态节能住宅平面图
(a) 一层平面图；(b) 二层平面图；(c) 三层平面图

4. 建筑结构与材料创新

（1）种植屋面。

由于平屋顶隔热性能较差，而土壤则具有较大的热阻和蓄热系数，因此在老人房的屋顶上方采用种植屋面做法（见图1.2.33），尽量降低室外温度变化对室内的影响，同时植物的光合作用和蒸腾作用还能带走热量，降低屋顶温度，此外种植植物还起到净化空气及美化环境的作用。需要注意的是，种植屋顶的防水措施要强于一般屋顶，同时由于自重加大且屋顶上人，结构层的承载力也要强于一般屋顶。

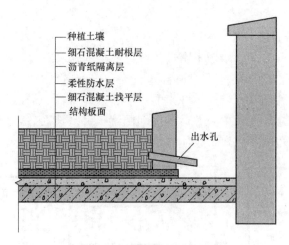

种植土壤
细石混凝土耐根层
沥青纸隔离层
柔性防水层
细石混凝土找平层
结构板面

出水孔

图 1.2.33　种植屋面结构构造

（2）集热蓄热墙。

集热蓄热墙是被动式太阳房的一种做法，相当于在紧贴着玻璃窗的后侧筑起一道重型结构墙，其顶部和底部分别开有通风孔，并设置可开启的活动门（见图 1.2.34）。其供热机理是在结构墙表面涂上深色吸热涂层，吸收透过玻璃的阳光热能，通过直接传导、空气对流等方式将热量传送到室内，夏季则可开启室外通风孔，将多余热量排向室外。

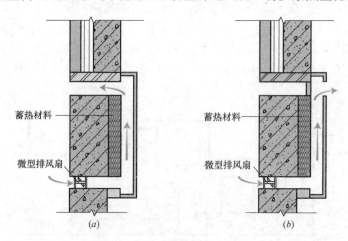

蓄热材料

微型排风扇

蓄热材料

微型排风扇

（a）　　　　　　　　　　　　　　（b）

图 1.2.34　集热蓄热墙工作原理
（a）冬季；（b）夏季

5. 生态节能住宅绿色技术创新

（1）双通道烟囱。

江苏农村地区传统农宅大多使用土灶，但使用时烟囱中热气流带走了大多数的热量，这部分能量并没有得到应用，在本方案中将两处烟囱布置在建筑北侧，利用烟囱外壁较高的辐射温度提高北侧房间室内温度。此外，在烟道中设置调节板，两个烟囱可根据使用需求分别开启或合并，夏季不需要室内取暖时则可将两处烟囱全部关闭，从低处出口排出热气。

（2）太阳能热水系统。

为了方便居民日常使用，在住宅的南屋面安装了 $12m^2$ 的太阳能集热板，同时将三层南向房间设置为太阳能热水系统的设备间，并在屋顶预留管道孔洞，缩短了集热板与换热器、储存箱之间的距离，减少了不必要的热量损失。

（3）沼气系统。

江苏沿海地区农村缺少对生活污物的统一处理及排放途径，且每年稻麦秸秆焚烧现象严重，即污染环境又浪费资源。因此在该节能住宅中设置沼气系统，可以将粪便和秸秆作为沼气池原料，为避免原料不足，可通过两家合建一处沼气池的模式，共用一间 $8m^2$ 的沼气池，即降低了建造成本，又能满足两户家庭的日常使用。

（4）地冷空调。

夏季土壤内部温度较低，可利用这一特点为室内空气降温，形成地冷空调。本方案中，在院内设置一口半封闭潜水井，当水泵抽取生活用水时，井口附近的热空气被冷却，此时打开换风通道，将已冷却的空气引向室内，在空气流经地下管道时进一步降温，最终由风机引入室内，从而降低室内温度。

第 2 章 装配式轻钢框架—组合墙—复合墙结构体系与案例

2.1 概述

已有装配式混凝土结构住宅，在城市多层及高层住宅中应用和发展较快，在村镇低层农房中应用和发展缓慢。我国低层农房以自建为主，且建造工艺多数不能满足抗震基本要求。课题组在已有装配式轻钢框架结构基础上，研发了一种装配式轻钢框架—组合墙—复合墙结构体系。装配式轻钢框架—组合墙—复合墙结构体系，适用于 3 层及以下、层高不超过 4m、总高不超过 10m 的绿色农房结构。装配式轻钢框架—组合墙—复合墙结构体系中，组合墙与复合墙不同，组合墙为组合剪力墙即组合抗震墙，组合墙可采用课题组研发的装配式钢管混凝土边框单排配筋组合剪力墙、钢管混凝土边框单排配筋带暗支撑组合剪力墙、钢管混凝土边框内藏钢桁架组合剪力墙、型钢边框单排配筋组合剪力墙、型钢边框单排配筋带暗支撑组合剪力墙等系列组合墙；复合墙用作外围护保温墙体，可采用课题组研发的用于严寒地区的两侧高性能发泡混凝土夹芯聚苯板三明治式复合墙体、用于寒冷地区的两侧混凝土薄板夹芯聚苯三明治式复合墙体、用于其他气候区域的高性能发泡混凝土墙体等系列复合墙。

装配式轻钢框架—组合墙—复合墙结构设计中，当不需要布置组合墙时，结构为轻钢框架—复合墙结构；当轻钢框架—复合墙结构抗震承载力不足时，可在轻钢框架的 H 形钢梁之间设置装配式组合剪力墙，形成轻钢框架—组合墙—复合墙结构体系，此时结构为轻钢框架—组合剪力墙结构。组合剪力墙为第一道抗震防线，可抵抗 80％左右的水平地震作用。采用轻钢框架—组合墙—复合墙结构体系时，组合墙的布置原则为：对于严寒地区和寒冷地区外围护墙体保温性能要求较高的情况下，组合墙宜布置在内框架轻质填充墙的位置，并在相应位置将轻质填充墙取而代之；对于其他气候区域对外围护墙体保温性能无超低能耗要求的情况下，组合墙可布置在外框架围护墙位置，也可布置在内框架填充墙位置；应在两个工程轴方向按照抗震设计需求均衡布置组合墙。

装配式轻钢框架—组合墙—复合墙结构体系中，轻钢框架承担的水平地震作用仅为结构总水平地震作用的 20％左右，轻钢框架主要承受结构竖向荷载，这种情况下轻钢框架的梁柱设计简便，体系受力明确，抗震性能良好，非常适于装配式绿色农房建造。装配式轻钢框架柱宜采用轻型方钢管混凝土柱，对于两层及以下的结构也可采用 H 形钢柱。装配式轻钢框架梁宜采用 H 形钢梁，也可采用方钢管混凝土梁或组合梁。装配式轻钢框架楼板可采用混凝土楼板、压型钢板混凝土组合楼板及其他轻质楼板。装配式复合墙板可采用整块大墙板，也可采用条带复合墙板企口拼装成大墙板。装配式轻钢框架—组合墙—复合墙结构体系示意图如图 2.1.1 所示，装配式轻钢框架—组合墙结构平面布置示意图如图

2.1.2所示。图中，组合墙采用了轻型钢管混凝土边框组合剪力墙，外围护墙采用了复合墙。

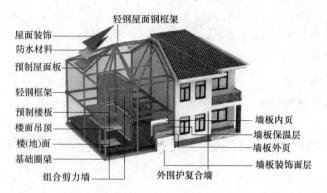

图 2.1.1　装配式轻钢框架—组合墙—复合墙结构体系示意图

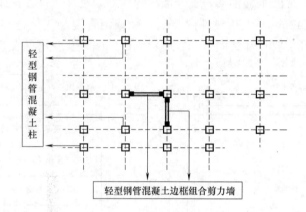

图 2.1.2　装配式轻钢框架—组合墙结构平面布置示意图

2.2　结构体系特点

特点一：研发的装配式轻钢框架—组合墙—复合墙结构体系中，装配式轻钢框架采用轻型钢管混凝土柱框架时，利用了轻钢组合框架结构的优势，显著提高了轻钢框架结构的抗震性能、抗火性能和耐久性能。课题组研究表明：轻型钢管混凝土柱框架抗震、抗火和耐腐蚀性能显著好于传统的 H 形钢柱框架、空钢管柱框架，应首选采用轻型钢管混凝土柱框架。

特点二：针对装配式轻型钢管混凝土柱框架—组合墙—复合墙结构体系，研发的装配式双 L 形带加劲肋框架节点、装配式轻型钢管混凝土边框单排配筋组合剪力墙、高性能发泡混凝土夹芯聚苯复合墙等部件及其工业化制备技术以及结构抗震设计方法，非常适于装配式绿色农房轻钢框架结构体系的建造。

特点三：装配式轻型钢管混凝土柱框架—组合墙—复合墙结构体系，组合柱、组合墙、楼板等构件的混凝土利用了再生混凝土。装配式组合结构中，混凝土作为主要建筑材料用量巨大。大量旧建筑的拆除废料中，废弃混凝土约占 34%，造成了环境的污染和资

25

源的浪费。该结构体系利用再生混凝土，为废弃混凝土资源化利用提供了重要途径。

特点四：装配式轻型钢管混凝土柱框架—组合墙—复合墙结构体系，具有两道抗震防线。

课题组所研发的装配式轻钢框架—组合墙—复合墙结构体系，特别是装配式轻型钢管混凝土柱框架—组合墙—复合墙结构体系，已取得了具有自主知识产权的系列成果，并在工程应用中取得了良好效果。本章只简要介绍研究成果的部分内容，即装配式轻型钢管混凝土柱框架—复合墙结构体系的研究及工程案例。

2.3 装配式轻型钢管混凝土柱框架—复合墙结构抗震性能试验

2.3.1 试件设计与制作

装配式轻型钢管混凝土柱框架—复合墙结构试件为足尺试件。柱距为 3900mm，层高为 2700mm，墙厚 240mm。结构试件由装配式轻型钢管混凝土柱框架与复合墙两部分构成，结构试件设计及主要尺寸如图 2.3.1 所示。试件编号及变量见表 2.3.1。

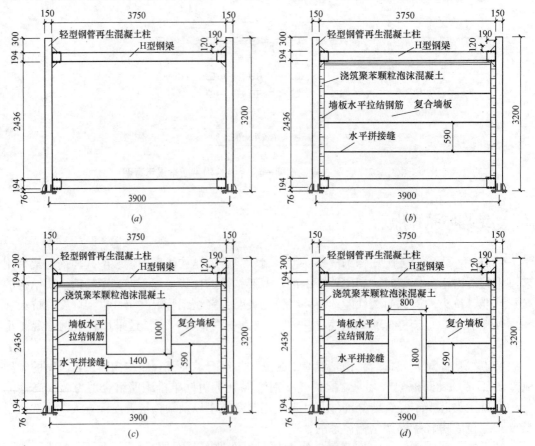

图 2.3.1 试件设计及主要尺寸（单位：mm）

（a）装配式轻型钢管混凝土框架；（b）装配式轻钢管混凝土框架—复合墙；
（c）装配式轻型钢管混凝土柱框架—带窗洞复合墙；（d）装配式轻型钢管混凝土柱框架—带门洞复合墙

试件编号及变量 表 2.3.1

试件编号	结 构 类 型	洞口类型	洞口尺寸(mm)
FG-Q	装配式轻型钢管混凝土柱框架—复合墙	—	—
FG-C	装配式轻型钢管混凝土柱框架—带窗洞复合墙	窗洞	1400×1000
FG-M	装配式轻型钢管混凝土柱框架—带门洞复合墙	门洞	800×1800
FG	装配式轻型钢管混凝土柱框架	—	—

1. 轻型钢管混凝土柱框架设计

装配式轻型钢管混凝土柱框架由轻型钢管再生混凝土柱、H 形钢梁及双 L 形带加劲肋节点组成，钢材为 Q235B。轻型钢管再生混凝土柱采用 150mm×150mm×6mm 方钢管，内填粗骨料取代率 100%的 C40 再生混凝土。H 形钢梁型号为 HM194mm×150mm×6mm×9mm，共设置两道。顶部 H 形钢梁为框架梁，底部 H 形钢梁兼作基础梁，起承托复合墙的作用。装配式双 L 形带加劲肋节点，由焊接在轻型钢管再生混凝土柱上的两个 L 形的带加劲肋部件构成。H 形钢梁与双 L 形带加劲肋节点水平钢板通过 8.8 级 M12 高强螺栓连接，形成双 L 形带加劲肋连接梁柱节点，双 L 形带加劲肋节点的加劲肋通常为三角形，也可采用其他形状，框架梁柱连接双 L 形带加劲肋节点下半部构造照片如图 2.3.2（a）所示，装配式双 L 形带加劲肋梁柱节点构造示意图如图 2.3.2（b）所示。由于底部 H 形钢梁仅作为托墙梁使用，为减小对框架的影响，底部 H 形钢梁与轻型钢管混凝土柱采用 L 形连接节点，节点构造如图 2.3.3 所示。框架试件节点详图如图 2.3.4 所示。

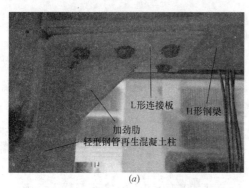
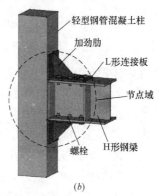

图 2.3.2 框架上部梁柱连接节点构造

（a）双 L 形带加劲肋节点下半部照片；（b）双 L 形带加劲肋节点示意图

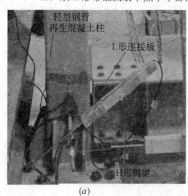
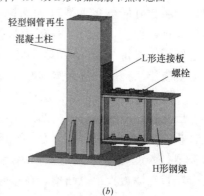

图 2.3.3 基础梁与框架柱连接节点

（a）L 形节点照片；（b）L 形节点示意图

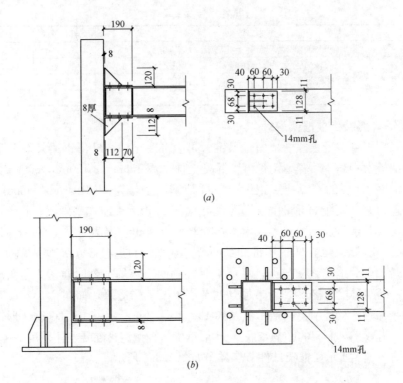

图 2.3.4　框架试件节点详图（单位：mm）
（*a*）双 L 形带加劲肋节点尺寸；（*b*）L 形节点尺寸

2. 复合墙体设计

　　复合墙体分为无洞口墙、带窗洞口墙、带门洞口墙。无洞口墙由条形复合墙板拼接而成，带洞口墙由条形复合墙板及条形复合洞口板拼接而成。条形复合墙板高 590mm、长 3540mm，厚 240mm，板厚分三层构造，每层 80mm 厚。条形复合墙板尺寸可随层高与柱距的变化而调整，以适应绿色农房不同空间布局的要求。条形复合墙板中间层为石墨聚苯乙烯板，作为墙体的中间保温层；两侧面层由发泡混凝土浇筑而成，作为墙体结构层。根据不同地区对建筑节能标准的要求，中间保温层的厚度可适当减小或增厚。此外，两侧发泡混凝土面层较普通混凝土或砌块具有更低的热传导系数，能够提升墙体整体保温效果，墙板整体热传导系数可低至 $0.57\mathrm{W/(m^2 \cdot K)}$。由于保温层位于墙体中间，两侧发泡混凝土结构层可为其提供保护，提升了保温模块的抗火能力与耐久性，在耐火极限检测过程中，条形复合墙板可保持 181min 隔热性与完整性均未破坏。为了提升发泡混凝土结构层的强度，发泡混凝土结构层内部设置 $\phi3@50$ 单层正交镀锌冷拔钢丝网，钢丝网保护层厚度为 30mm。一侧的发泡混凝土结构层通过穿透中间保温层的 $\phi3$ 斜向钢丝与另一侧的发泡混凝土结构层连接。条形复合墙板两侧端部外露 $\phi6@200$ 拉结钢筋，作为与装配式轻型钢管混凝土柱框架连接的连接件。拉结钢筋在墙板发泡混凝土结构层内的锚固长度为 300mm，外露直线长度为 105mm，并与单层正交镀锌冷拔钢丝网焊接，焊接点不少于 3 处。条形复合墙板在墙板板顶设凸槽，在板底设凹槽。板顶凸槽可插入板底凹槽内，从而实现墙板与墙板之间的企口连接。条形复合墙板构造照片如图 2.3.5（*a*）所示，条形复合墙板横剖面如图 2.3.5（*b*）所示，条形复合墙板纵剖面如图 2.3.5（*c*）所示。

(a)

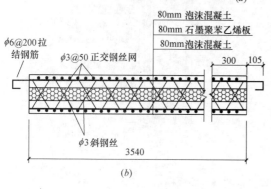

(b)

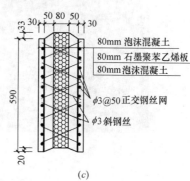

(c)

图 2.3.5　复合墙板构造详图

（a）条形复合墙板构造照片；（b）条形复合墙板横剖面；（c）条形复合墙板纵剖面

　　门窗洞口两侧的条形复合墙板，其内部构造与通长的条形复合墙板相同，不同的是洞口板仅在墙板一侧设有与框架柱的拉结钢筋，门洞和窗洞两侧的条形复合墙板的尺寸可以调整。

　　结构试件的门洞尺寸为高 1800mm、宽 800mm，门洞口板长度为 1370mm，窗洞口尺寸为高 1000mm、宽 1400mm，窗洞口板长度为 1070mm。窗洞口墙板照片如图 2.3.6（a）所示，门洞口墙板照片如图 2.3.6（b）所示。

(a)

(b)

图 2.3.6　带洞口复合墙板照片

（a）窗洞口墙板照片；（b）门洞口墙板照片

　　复合墙由条形复合墙板或洞口两侧条形复合墙板企口拼接而成，条形复合墙板拼接缝照片如图2.3.7（a）所示。条形墙板之间的企口连接通过墙板自身设置的凹凸槽实现，墙板连接企口连接构造示意图如图2.3.7（b）所示。企口连接的复合墙的下方墙板顶部的凸槽可沿墙体长度方向插入上方墙板底部的凹槽内，使墙体保持垂直。企口连接的条形复合墙板之间的拼接缝采用发泡混凝土粘接料填塞抹平。条形墙板在机械咬合作用与粘接作用下拼接形成复合墙体。

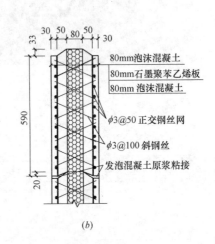

(a)   *(b)*

图2.3.7 企口拼接的复合墙板构造

（a）墙板拼接缝照片；（b）墙板连接构造详图

3. 复合墙体与框架的连接设计

装配式轻型钢管混凝土柱框架与复合墙的连接依靠条形复合墙板外露的拉结钢筋实现。墙板外露拉结钢筋分为水平段与90°弯折段。水平段长度为105mm，弯折段长度为40mm。复合墙与框架装配过程中，外露钢筋弯折段与轻型钢管混凝土柱全部焊接。复合墙与装配式轻钢框架之间留有后浇条带，后浇条带采用聚苯颗粒泡沫混凝土浇筑。复合墙板拉结钢筋与轻型钢管混凝土框架柱焊接连接照片如图2.3.8（a）所示，复合墙板两端用现浇聚苯颗粒泡沫混凝土填充后的照片如图2.3.8（b）所示，复合墙板与框架柱连接节点详图如图2.3.8（c）所示。

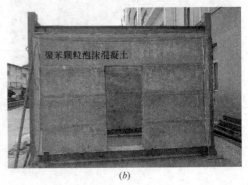

(a)   *(b)*

图2.3.8 复合墙板与框架连接构造（一）

（a）拉结钢筋与钢管柱焊接；（b）复合墙板两端用现浇聚苯颗粒泡沫混凝土填充

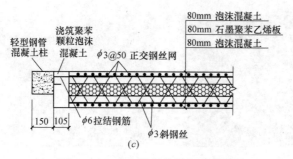

图 2.3.8 复合墙板与框架连接构造（二）

（c）复合墙板与框架柱连接节点详图

4. 试件的装配设计

装配式轻型钢管混凝土柱框架—复合墙结构的装配，利用简单的机械即可完成，施工简单快捷，且能够保证施工质量。以无洞口的装配式轻型钢管混凝土柱框架—复合墙结构为例说明结构装配流程与方法。结构装配可分为框架装配施工、墙体装配施工和后浇带施工三部分。框架装配：先将框架柱立起固定在基础上，随后框架梁从一侧平行嵌入双L形带加劲肋节点；待梁上下翼缘孔与双L形带加劲肋节点水平钢板孔位对齐后，用M12高强螺栓穿入拧紧即可完成框架装配。复合墙体装配：从框架一侧将条形复合墙板嵌入框架内，下方条形复合墙板的凸槽插入上方条形复合墙板的凹槽中，用聚苯颗粒泡沫混凝土嵌缝；待条形墙板全部嵌入框架后，将复合墙板水平拉结钢筋与框架柱钢管壁焊接；在复合墙两端与框架柱之间用聚苯颗粒泡沫混凝土浇筑密实。结构试件施工的部分照片如图2.3.9所示。

图 2.3.9 结构试件装配制作（一）

（a）框架梁装配；（b）复合墙板吊装；

（c）墙板拼接用聚苯颗粒泡沫混凝土嵌缝；（d）焊接拉结钢筋

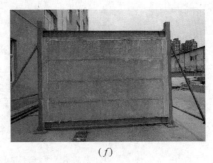

(e)　　　　　　　　　　　　(f)

图 2.3.9　结构试件装配制作（二）

（e）墙板两端浇筑聚苯颗粒泡沫混凝土；（f）试件制作完成

2.3.2　加载方案及测点布置

装配式轻型钢管混凝土柱框架—复合墙结构抗震性能试验采用低周反复荷载加载。试验在中国地震局工程力学研究所综合试验室完成。为了模拟实际工程情况，试验加载首先在试件框架的每根钢管混凝土柱的柱顶施加竖向荷载，加载过程中施加的柱顶竖向荷载保持不变，之后沿框架梁轴线施加低周反复水平荷载，试验加载装置示意图见图 2.3.10（a）所示，试验加载装置照片如图 2.3.10（b）所示。框架柱顶竖向荷载用 2 个竖向千斤顶施加，试验轴压比为 0.28，竖向荷载为 499.5kN。低周反复水平荷载由水平拉压千斤顶施加。试件框架柱的两个柱脚分别与试件基础钢梁通过 8 个 10.9 级 M20 高强螺栓连接固定，模拟工程中柱子基础的嵌固端作用。在试件框架柱头处设柱帽，以保证竖向荷载能够均匀传递到框架柱。试件平面外刚度较弱，为防止加载过程中试件平面外失稳，设置水平槽钢梁对试件侧向限位。刚性基础梁两侧设置刚性压梁，用以平衡水平荷载对刚性基础梁产生的倾覆弯矩。为了防止刚性基础梁产生滑动，刚性基础梁两端设置水平千斤顶限制水平滑移。

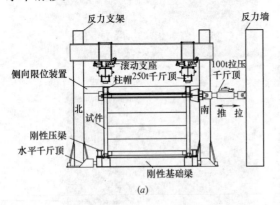

(a)　　　　　　　　　　　　(b)

图 2.3.10　加载装置

（a）加载装置示意图；（b）加载装置现场照片

试验加载采用位移加载控制，以试件位移角作为控制量，位移角计算公式如下：

$$\theta = \frac{\Delta}{h} \times 100\% \qquad (2.3.1)$$

式中，θ 为试件位移角，Δ 为加载点的水平位移，h 为框架柱下部嵌固端到上部加载点的距离。

试验加载控制：在 0.5％位移角之前，每级增量为 0.125％位移角；在 2％位移角之前，每级增量为 0.25％位移角；在 2％位移角之后，每级增量为 0.5％位移角；每级加载循环两次。加载制度如图 2.3.11 所示。试验加载保持慢速连续，加载速率为 0.5mm/s。试验加载以推出方向为正向，拉回方向为负向。当试件发生较大变形失去承载力时，停止试验加载。

测点布置：对试件水平加载点位移、框架对角线位移、框架柱嵌固端滑移及基础滑移进行位移测量；对复合墙板内部拉结钢筋、轻型钢管混凝土柱根部及柱顶部、

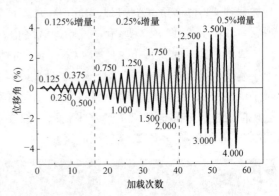

图 2.3.11 加载制度

H 形钢梁端位置进行应变测量；对两个竖向千斤顶和一个水平千斤顶进行荷载测量。试件的位移和应变测点布置如图 2.3.12 所示。位移与应变的采集由 DH3816 静态应变采集测试系统完成。复合墙板产生的裂缝均由人工测量描绘。

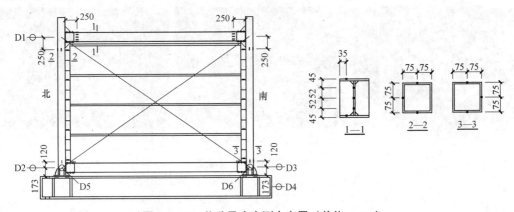

图 2.3.12 位移及应变测点布置（单位：mm）

2.3.3 试验结果及分析

1. 试验现象

从试验现象上看，试件 FG-Q、FG-C 和 FG-M 的破坏过程基本一致，表现为先墙板破坏，后轻型钢管混凝土柱框架破坏的破坏形式。填充复合墙板首先在拼接缝处出现水平裂缝，随后发生错动，如图 2.3.13（a）所示。当传递给条形复合墙板的水平荷载大于拼接缝的摩擦力与粘结力之和时，拼接缝处泡沫混凝土开裂，出现水平通缝。此后，整体填充复合墙板被分割为多个单一条形墙板。试件框架柱部分发生弯曲变形，复合墙板与轻型钢管混凝土柱框架变形不协调，导致单块条形复合墙板对角部位受框架挤压而产生水平错动。墙板斜裂缝主要发生于墙板四周角部，并在加载过程中出现反复张合现象，如图 2.3.13（b）所示。在加载过程中，水平荷载通过与轻型钢管混凝土柱框架焊接的拉结钢

筋传递给条形复合墙板。框架墙板四周角部预埋拉结钢筋处于反复拉压受力状态，使得墙板四周角部分布应力较大，造成墙板角部出现多条斜裂缝。因为墙板与框架接缝处后浇聚苯颗粒泡沫混凝土，两种材质变形能力存在差异，故在界面交界处的斜裂缝发展较宽。试验加载到 4‰位移角（Δ=111.32mm）时，轻型钢管再生混凝土柱根部钢管出现轻微鼓曲现象，如图 2.3.13（c）所示，试验加载终止。

值得注意的是试件 FG-C 与 FG-M 在开洞角部位置出现明显斜裂缝，并出现泡沫混凝土压溃现象，如图 2.3.13（d）～（e）所示，这是因为洞口角部更容易发生应力集中现象。对于试件 FG，在加载过程中仅框架发生整体弯曲变形。因为缺少填充墙板分担传递荷载，框架柱仅依靠框架梁传递水平荷载，故在水平荷载较大时框架节点部分螺栓剪断，如图 2.3.13（f）所示，试验也因此终止。

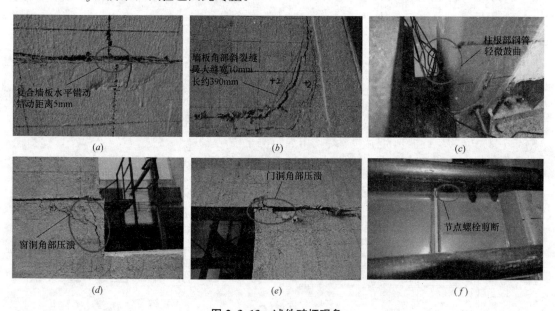

图 2.3.13　试件破坏现象

（a）墙板水平错动；（b）墙板角部斜裂缝；（c）柱脚钢管鼓曲；
（d）窗洞角部混凝土压溃；（e）门洞口角部混凝土压溃；（f）节点螺栓剪断

2. 滞回曲线

试验所得 4 个试件 FG、FG-Q、FG-C、FG-M 的荷载—位移曲线如图 2.3.14（a）～（d）所示。FG 试件：其滞回曲线与内嵌复合墙试件滞回曲线有明显不同。加载过程中，滞回曲线未出现反弯点，承载力较小，耗能能力较低；从同向加载曲线斜率来看，后一级加载曲线斜率也小于前一级曲线斜率；从滞回曲线整体形状来看，曲线较为饱满，呈梭形，未出现明显的捏拢现象。FG-Q、FG-C、FG-M 试件：每一次加载过程中，曲线的斜率先随位移的增大而增大，在即将到达目标位移之前，曲线出现反弯点，斜率随位移的增大而减小；比较同向加载曲线，后一级加载时曲线的斜率明显小于前一级加载时曲线的斜率；在多级反复加载过后，试件滞回曲线逐渐变饱满，并由初期的反 S 形变化为 Z 形。试验过程中条形墙板与框架协同变形，不断挤压框架，能够对框架起到支撑作用，使得滞回曲线斜率先随荷载增大而增大，而后因为墙板挤压开裂与框架的塑性变形使得曲线斜率随荷载增大而减小。滞回曲线斜率随加载级数的增大而减小反映了框架与墙板的损伤积累。随着加载不断进行，墙板发生较大错动，墙板摩擦耗能以及框架钢管产生塑性变形耗能，试件滞回曲线变饱满。

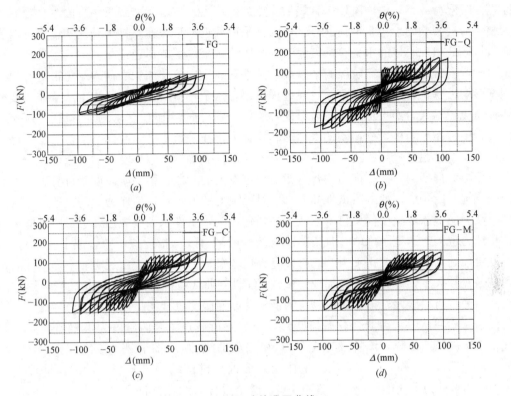

图 2.3.14　试件滞回曲线
(a) 轻型钢管混凝土柱框架；(b) 轻型钢管混凝土柱框架—复合墙；
(c) 轻型钢管混凝土柱框架—带窗洞复合墙；(d) 轻型钢管混凝土柱框架—带门洞复合墙

3. 骨架曲线特征及承载力

实测轻型钢管混凝土柱框架试件 FG 与轻型钢管混凝土柱框架—复合墙试件 FG-Q 的荷载—位移骨架曲线比较如图 2.3.15 (a) 所示；实测轻型钢管混凝土柱框架试件 FG 与轻型钢管混凝土柱框架—带窗洞复合墙试件 FG-C 的荷载—位移骨架曲线比较如图 2.3.15 (b) 所示；实测轻型钢管混凝土柱框架试件 FG 与轻型钢管混凝土柱框架—带门洞复合墙试件 FG-M 的荷载—位移骨架曲线比较如图 2.3.15 (c) 所示；实测轻型钢管混凝土柱框架—带窗洞复合墙试件 FG-C、轻型钢管混凝土柱框架—带门洞复合墙试件 FG-M 的荷载—位移骨架曲线比较如图 2.3.15 (d) 所示；实测轻型钢管混凝土柱框架—复合墙试件 FG-Q 与轻型钢管混凝土柱框架—带窗洞复合墙试件 FG-C、轻型钢管混凝土柱框架—带门洞复合墙试件 FG-M 的荷载—位移骨架曲线比较如图 2.3.15 (e) 所示；实测四个试件的荷载—位移骨架曲线比较如图 2.3.15 (f) 所示。

由图 2.3.15 (a) 可以看出：试件 FG-Q 的荷载—位移骨架曲线近似呈四线形，由第一阶段快速上升线性、第二阶段平直线性、第三阶段缓慢上升线性和第四阶段平直线性构成；从开始加载至骨架曲线的 0.35% 位移角（$\Delta=9.5\text{mm}$）为第一阶段快速上升线性，在 0.35% 至 0.48% 位移角（$\Delta=13.0\text{mm}$）之间为第二阶段平直线性（指近似可拟合成平直线），0.5％位移角至峰值荷载点为第三阶段缓慢上升线性，峰值荷载点之后为骨架曲线第四阶段平直线性。对于试件 FG-Q，第一阶段线性的终点为开始屈服点，第三阶段直线的终点为极限荷载点，第四阶段平直线的终点为破坏点。在骨架曲线第一阶段，复合墙板作为整体与框架共同承担水平荷载，试件的水平荷载近似呈快速线性上升性状；当条形复合墙板拼接处出现明显的水平错动裂缝时，整体墙板工作性能迅速退化，进入了骨架曲线的第二阶段，骨架曲线第二阶段为平直线，试件整体呈现位移增长而荷载变化很小的塑性屈服变形的性状，骨架曲线的第二阶段过程较短，这个短暂的过程，经历了从整体墙板性能快速退化、承载力不再增加至各条形复合墙板分别与框架协同工作开始的过程，这个短暂的过程中各条形墙板接缝错动的摩擦力和咬合力仍在一定程度上起着维持整体墙板与框架共同工作的作用；骨架曲线的第三阶段，各条形复合墙板拼缝反复错动的摩擦咬合力与各条形墙板对框架的斜向支撑力的合力相对稳定发展的阶段，第三阶段框架自身进入了承载力强化提升的阶段，此阶段试件的复合墙对承载力的贡献可近似作为稳定常数，此阶段试件承载力的提高取决于框架自身承载力的强化提高，试件水平荷载达到了峰值时框架自身的承载力也同时达到了峰值；骨架曲线第四阶段平直线（指近似可拟合成平直线），试件在此阶段的水平荷载变化不大，此阶段过程也较短，由于荷载没出现明显下降试件的位移角就已经较大了，停止了试验加载。试件 FG 骨架曲线可拟合简化成四折线形，第一阶段直线为弹性阶段线性；第二阶段直线为框架开始屈服至框架明显屈服，近似为线性；第三阶段为框架明显屈服后的强化阶段线性，至极限荷载点；第四阶段为极限荷载点后平直线，至试件荷载下降，该阶段与试件 FG-Q 骨架曲线的第四阶段平直线对应。

由图 2.3.15（e）可以看出：整体墙条形墙板拼接缝明显开裂错动后，试件 FG-C、FG-M 的承载力退化明显快于试件 FG-Q，这个过程大约至试件 FG-Q 骨架曲线的第二阶段平直线结束；试件 FG-C、FG-M 与试件 FG-Q 相比，复合墙板对试件承载力的贡献，虽前期退化较快，贡献也有所减小，但是后期对试件承载力的贡献仍较为稳定，且极限荷载后承载力也没有明显下降；试件 FG-C、FG-M 与试件 FG-Q，大约在 0.5％位移角时整体墙的条形墙板拼接缝明显开裂错动，因为开窗洞与门洞的影响，试件 FG-C、FG-M 对结构水平承载力贡献峰值的位移角比试件 FG-Q 有所推迟。

实测所得各试件骨架曲线的明显屈服荷载 F_y、极限荷载 F_{max}、破坏点荷载 F_u、1％位移角点为特征点的荷载 $F_{0.01}$ 及相应位移角见表 2.3.2。分析图 2.3.15 可见，抗震设计的弹塑性中，将表 2.3.2 中 1％位移角点作为理论计算试件 FG-Q、FG-C、FG-M 的极限荷载的弹塑性位移角点是比较合适的，试件 FG-Q、FG-C、FG-M 在 1％位移角下的实测荷载与极限荷载的比值分别为 71.84％、87.45％、85.10％，均值为81.46％，有一定的安全储备。进一步分析表 2.3.2 可知：试件 FG-Q 的极限荷载是试件 FG 的 1.84 倍，屈服荷载是试件 FG 的 1.97 倍，说明无洞口复合墙板对试件的水平承载力有显著的贡献；试件 FG-C、FG-M 的极限荷载分别为试件 FG-Q 的 85.2％、79.6％，均值为 82.4％，说明复合墙板开洞对试件的水平承载力有所降低；试件 FG-C洞口类型为复合墙四周边缘连续的窗洞，试件 FG-M 洞口类型为复合墙下边缘断开的门洞，试件 FG-C 比 FG-M 洞口面积小 2.86％，但 1％位移角对应的荷载高 8.27％，极限荷载高 5.32％，说明复合墙板洞口的类型和大小对复合墙板与框架共同工作的性能均有一定的影响。

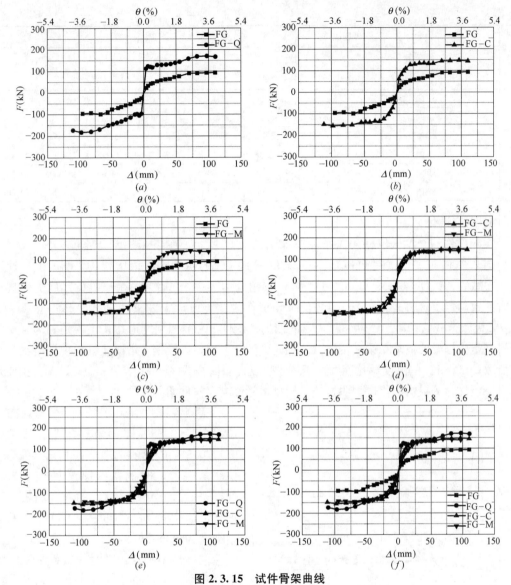

图 2.3.15 试件骨架曲线

(a) 试件 FG、FG-Q；(b) 试件 FG、FG-C；(c) 试件 FG、FG-M；(d) 试件 FG-C、FG-M；

(e) 试件 FG-Q、FG-C、FG-M；(f) 试件 FG、FG-Q、FG-C、FG-M

试件骨架曲线特征点的荷载和位移角 表 2.3.2

试件编号	加载方向	明显屈服点		极限荷载点		破坏点		1%位移角	
		F_y(kN)	θ_y (%)	F_{max} (kN)	θ_{max} (%)	F_u(kN)	θ_u (%)	$F_{0.01}$ (kN)	$\theta_{0.01}$ (%)
FG	正向	62.12	1.16	96.81	2.96	93.24	3.96	58.57	1.00
	负向	66.27	1.30	99.36	2.39	96.11	3.40	57.54	1.00
	均值	64.20	1.23	98.09	2.68	94.68	3.68	58.06	1.00
FG-Q	正向	122.41	0.30	170.50	3.50	167.20	3.97	130.35	1.00
	负向	98.43	0.40	183.15	3.47	173.80	3.95	123.75	1.00
	均值	110.42	0.35	176.83	3.49	170.50	3.96	127.05	1.00

续表

试件编号	加载方向	明显屈服点		极限荷载点		破坏点		1%位移角	
		F_y(kN)	θ_y(%)	F_{max}(kN)	θ_{max}(%)	F_u(kN)	θ_u(%)	$F_{0.01}$(kN)	$\theta_{0.01}$(%)
FG-C	正向	113.92	0.54	147.50	3.48	144.00	3.95	129.50	1.00
	负向	114.94	0.63	156.00	3.52	148.50	4.00	136.00	1.00
	均值	114.43	0.59	151.75	3.50	146.25	3.98	132.75	1.00
FG-M	正向	112.38	0.72	142.38	2.48	138.13	3.49	124.52	1.00
	负向	115.49	0.92	145.78	2.48	143.22	3.38	120.70	1.00
	均值	113.94	0.82	144.08	2.48	140.68	3.44	122.61	1.00

4. 刚度退化

实测试件的刚度—位移角关系曲线如图 2.3.16 所示，刚度采用割线刚度（K_i）表示。分析图 2.3.16 可见：试件 FG-Q、FG-C、FG-M、FG 的初始刚度依次减小，刚度退化速度也依次减缓；试件 FG-Q、FG-C、FG-M 位移角约达到 1% 之后，三个试件的刚度退化规律基本一致，这也是将表 2.3.2 中 1% 位移角点作为抗震设计中理论计算试件 FG-Q、FG-C、FG-M 极限荷载的相应弹塑性位移角点的依据；试件 FG 抗侧刚度退化，主要是因为轻型钢管混凝土柱框架的柱端和梁端钢材从弹性向弹塑性发展，以及钢管混凝土柱内填混凝土的损伤所致；试件 FG 的刚度退化速度一直慢于带复合墙板的试件 FG-Q、FG-C、FG-M，主要是复合墙板材料的损伤演化过程明显快于轻型钢管混凝土柱框架的缘故。

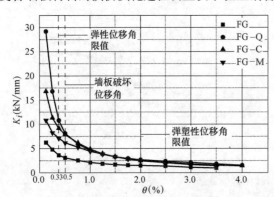

图 2.3.16　刚度退化曲线

实测各试件在 0.125% 位移角（初始位移角）、0.33% 位移角（弹性位移角限值）、0.5% 位移角和 2.0% 位移角（弹塑性位移角限值）时的割线刚度见表 2.3.3。分析表 2.3.3 可见：试件的复合墙板显著提高了结构的初始刚度；试件 FG-Q 的初始刚度为试件 FG 的 4.7 倍；试件达到弹塑性位移角限值 2.0% 时，试件 FG-Q 的割线刚度仍为试件 FG 的 1.8 倍，所以在计算结构变形时应合理考虑复合墙板对结构抗侧刚度的贡献；试件 FG-Q、FG-C、FG-M 比较，墙板开洞使结构刚度减小，带门洞试件 FG-M 减小程度大，初始阶段减小相对显著。

试件割线刚度的退化　　　　　　　　　　　　　　　　　　　　表 2.3.3

试件编号	抗侧刚度 K(kN/mm)							
	0.125%位移角		0.33%位移角		0.5%位移角		2.0%位移角	
	实测值	相对值	实测值	相对值	实测值	相对值	实测值	相对值
FG	6.23	1.00	3.63	1.00	2.55	1.00	1.52	1.00
FG-Q	29.19	4.69	10.79	2.97	8.13	3.19	2.68	1.76
FG-C	16.77	2.69	9.15	2.52	7.89	3.09	2.48	1.63
FG-M	10.84	1.74	7.14	1.97	6.20	2.43	2.47	1.63

5. 变形能力

实测所得各试件明显屈服点、极限荷载点、破坏点的位移角及相对值见表 2.3.4。表 2.3.4 中，0.33％位移角与《钢管混凝土结构设计规范》GB 50936—2014 规定钢管混凝土框架弹性层间位移角限值 $[\theta_e]$ 为 1/300 相对应，2.0％位移角与《钢管混凝土结构设计规范》GB 50936—2014 规定钢管混凝土框架弹塑性层间位移角限值 $[\theta_p]$ 为 1/50 相对应。由表 2.3.4 可见：各试件的极限荷载点位移角在 2.39％～3.52％之间，且极限荷载点各位移角均大于 1/50，表明结构具有足够的弹塑性变形能力；各试件的破坏点位移角在 3.38％～4.00％之间，说明复合墙板进入塑性屈服后，各带复合墙板试件的弹塑性变形能力相差不大。

试件变形能力　　　　　　　　　　　　表 2.3.4

试件编号	明显屈服点		极限荷载点		破坏点	
	θ_y（％）	相对值	θ_{max}（％）	相对值	θ_u（％）	相对值
FG	1.30	1.00	2.39	1.00	3.40	1.00
FG-Q	0.40	0.31	3.47	1.45	3.95	1.16
FG-C	0.63	0.48	3.52	1.47	4.00	1.18
FG-M	0.92	0.71	2.48	1.04	3.38	0.99

6. 耗能能力

实测所得各试件达到极限荷载点的等效黏滞阻尼系数 h_e 及累积总耗能值 E_{total} 见表 2.3.5。试件累积耗能值 E_i 随位移角 θ 的变化规律如图 2.3.17 所示。分析表 2.3.5 和图 2.3.17 可以看出：

（1）试件 FG-Q、FG-C 与 FG-M 的等效黏滞阻尼系数值接近，均大于 0.2；试件 FG 等效黏滞阻尼系数略大，说明各试件到达极限荷载点位移时的滞回曲线都较为饱满，轻型钢管混凝土柱框架—复合墙结构具有良好的耗能能力。

（2）试件 FG-Q、FG-C 与 FG-M 的累积总耗能值分别是 FG 试件的 2.02 倍、1.91 倍、1.84 倍。这是因为条形墙板之间存在水平错动，摩擦耗能增加了结构总耗能值，所以轻钢框架填充复合墙板的试件耗能能力显著大于空框架试件。

（3）试件 FG-Q、FG-C 与 FG-M 的累积耗能值随位移角增大而增大的规律基本一致，试件 FG-Q 的累积总耗能值为试件 FG-C 的 1.06 倍，为试件 FG-M 的 1.10 倍，开窗洞试件的耗能能力大于开门洞试件的耗能能力。

试件耗能　　　　　　　　　　　　　表 2.3.5

试件编号	状态	等效黏滞阻尼系数 h_e		累积总耗能值 E_{total}（kN·mm）	
		实测值	相对值	实测值	相对值
FG	极限荷载点	0.256	1.00	51254.0	1.00
FG-Q	极限荷载点	0.212	0.83	103517.5	2.02
FG-C	极限荷载点	0.224	0.88	97930.2	1.91
FG-M	极限荷载点	0.216	0.84	94425.6	1.84

2.3.4　水平承载力计算

1. 承载力计算模型

根据试验，装配式轻型钢管混凝土柱框架—复合墙结构水平承载力的计算，可采用轻

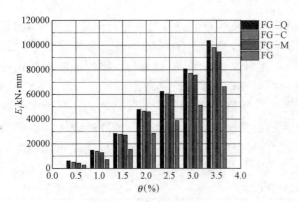

图 2.3.17　试件累积耗能

型钢管混凝土柱框架—等效单压杆支撑模型。框架内嵌复合墙尽管由多个条形墙板企口拼接而成，但在结构达到屈服荷载前与整体墙的工作性能接近，到达结构屈服荷载后各条形墙板在接缝处发生明显的水平错动，此时条形复合墙板企口接缝处的摩擦和咬合作用依然存在，但工作性能相对无缝墙有一定的减弱，这可采用拼缝影响系数加以考虑。复合墙对框架的斜向支撑作用，采用等效单斜压杆代替，带门洞或窗洞的复合墙体的支撑作用

低于整体墙，相同洞口率下窗洞复合墙支撑作用的降低相对门洞复合墙小，这可采用与洞口类型和洞口率有关的折减系数加以考虑。试件 FG-Q、FG-C 与 FG-M 试验现场照片如图 2.3.18（a）～（c）所示。水平承载力计算模型为轻钢框架—支撑模型，如图 2.3.18（d）所示。图 2.3.18（d）中，柱为轻型钢管混凝土柱，梁为 H 形钢梁；斜杆支撑为等效斜压杆支撑，由复合墙板确定，支撑截面宽度 t_{inf} 为复合墙板发泡混凝土厚度之和，墙板的夹芯聚苯板主要起复合墙板抗平面外失稳的作用；h 为框架柱固定端到加载点的距离，l 为框架柱轴线距离，h_{inf} 为复合墙高度，l_{inf} 为复合墙宽度；θ 为等效斜压杆与水平线夹角，取 $\tan^{-1}(h_{inf}/l)$。

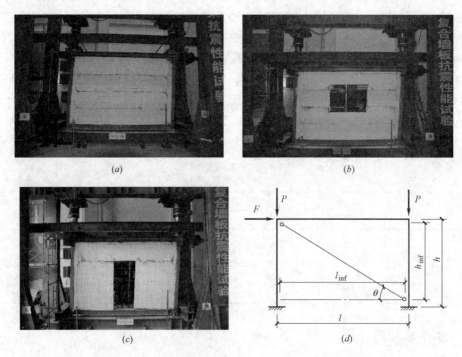

（a）

（b）

（c）

（d）

图 2.3.18　试件现场照片及水平承载力计算模型

（a）FG-Q 现场照片；（b）FG-C 现场照片；（c）FG-M 现场照片；（d）轻钢框架—支撑模型

图 2.3.18（d）中，复合墙体受压支撑作用的等效斜压杆截面高度可按下式计算：

$$b = \beta t_{inf} \quad\quad (2.3.2)$$

式中，b 为等效斜压杆支撑截面高度；t_{inf} 为复合墙板发泡混凝土厚度之和；β 为斜压杆截面折算高度系数，该系数为等效斜压杆截面高度与宽度的比值，根据试验，采用本章复合墙板构造时，β 取 3.5，即等效斜压杆截面宽度为 160mm、截面高度为 560mm，等效斜压杆截面高度为试件复合墙板高度 2436mm 的 23%，约 1/4。门窗洞口对复合墙板支撑作用的折减采用洞口折减系数 α，α 与洞口类型和开洞大小有关，可按下式计算：

$$\alpha = \lambda\left(1 - \frac{A}{h_{inf} l_{inf}}\right) \quad\quad (2.3.3)$$

式中，A 为洞口面积；h_{inf} 为试件复合墙板高度；l_{inf} 为试件复合墙板宽度；λ 为洞口类型系数，门洞口取 0.8，窗洞口取 0.9，无洞口取 1.0。

2. 轻钢框架承载力计算

试验表明，轻型钢管混凝土柱框架塑性铰出现在梁端和柱根部，如图 2.3.19 所示。

考虑框架 P-Δ 效应影响的轻型钢管混凝土柱框架水平承载力可按下式计算：

$$V_{fr} = \frac{2(M_{bu} + M_{cu})}{h} - \frac{2P\Delta}{h} \quad (2.3.4)$$

式中，M_{bu} 为框架梁端塑性铰区域截面弯矩；M_{cu} 为在压弯状态下轻型钢管混凝土柱塑性铰区域截面弯矩；P 为柱顶施加的竖向荷载；Δ 为框架加载点高度处水平位移；h 为框架柱固定端到加载点的距离。

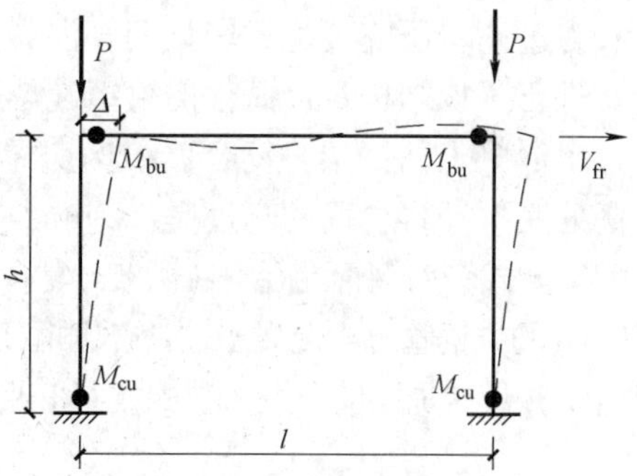

图 2.3.19 框架塑性铰位置

3. 轻钢框架—支撑结构承载力计算

轻型钢管混凝土柱框架—支撑结构，考虑了轻型钢管混凝土柱框架对复合墙变形的约束作用从而提高了复合墙板的变形能力，同时复合墙对轻型钢管混凝土柱框架有显著的压杆支撑作用，但考虑两者共同工作的轻钢框架—支撑结构水平承载力计算，不能简单采用两者水平承载力的叠加，这是因为它们达到极限荷载的位移角不同。为简化轻钢框架—支撑结构承载力的计算，轻钢框架—支撑结构水平承载力可近似采用下式计算：

$$V_u = V_{fr} + \alpha\gamma b t_{inf} f_{inf} \cos\theta \quad\quad (2.3.5)$$

式中，V_u 为轻钢框架—支撑结构水平承载力；V_{fr} 为轻钢框架水平承载力，可按式（2.3.4）计算；α 为洞口折减系数，可按式（2.3.3）计算；γ 为条带复合墙板企口拼缝对墙体整体性能的影响系数即拼缝影响系数，根据试验，整体墙时 γ 取 1.0，拼缝墙时 γ 取 0.6；b 为等效斜压杆支撑截面的高度；t_{inf} 为等效斜压杆截面宽度，取复合墙板发泡混凝土厚度之和；f_{inf} 为墙板发泡混凝土抗压强度；θ 为等效斜压杆支撑的水平倾角。

按式（2.3.5）计算结构屈服荷载时材料强度取设计值；按式（2.3.5）计算结构极限荷载时材料强度取标准值。

计算分析：计算所得四个试件达 1% 位移角时结构屈服荷载及达到极限荷载点时的极限荷载见表 2.3.6。计算结果与实测结果符合较好。

结构水平屈服荷载、水平极限承载力计算值与实测值比较　　　表2.3.6

试件编号	1%位移角			极限荷载点		
	实测值 $V_{ex,0.01}$(kN)	计算值 $V_{u,0.01}$(kN)	$V_{u,0.01}/V_{ex,0.01}$	实测值 V_{ex}(kN)	计算值 V_u(kN)	V_u/V_{ex}
FG	58.06	58.13	1.00	98.09	94.64	0.95
FG-Q	127.05	140.12	1.10	176.83	198.47	1.08
FG-C	132.75	120.63	0.91	151.75	170.78	1.09
FG-M	122.61	113.35	0.92	144.08	165.81	1.14

2.4 装配式轻型钢管混凝土框架—复合墙结构模拟地震振动台试验

2.4.1 试件设计与装配

为进一步研究装配式轻型钢管混凝土柱框架—复合墙结构在不同地震作用下的抗震性能，进行了该结构足尺试件的模拟地震振动台试验。试件为一栋两层单跨的装配式轻型钢管再生混凝土柱框架—复合墙结构房屋，平面尺寸为4.35m×4.35m，层高2.7m，屋架最高处距振动台台面的高度是6.96m。

装配式轻型钢管混凝土柱框架—复合墙结构试件，轻钢框架柱采用截面为150mm×150mm×6mm的方钢管再生混凝土柱，轻钢框架梁采用HM194×150×6×9型号的H形钢梁，节点采用双L形带加劲肋节点，装配式双L形带加劲肋梁柱节点构造详图如图2.4.1所示。

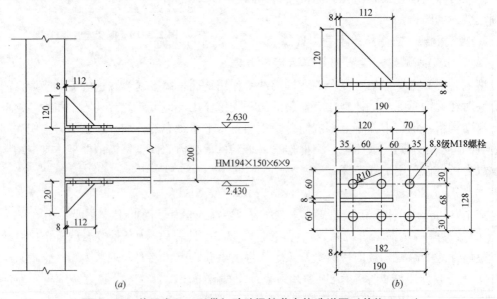

图2.4.1 装配式双L形带加劲肋梁柱节点构造详图（单位：mm）
（a）装配式双L形带加劲肋梁柱节点详图；（b）上连接板尺寸详图

装配式轻型钢管混凝土柱框架—复合墙结构试件的轻钢框架装配成型后，在轻型钢管再生混凝土框架梁柱间装配复合墙板，用于装配的复合墙板构造同图2.3.5，由发泡混凝土、石墨聚苯板复合而成，发泡混凝土的密度为500～600kg/m³，抗压强度为3.5～5.0MPa，具有良好的保温、隔声、耐火性能。装配时将复合墙板两端埋筋的外露部分与方钢管混凝土柱焊接，在两者之间的间隙部分灌注发泡混凝土，形成方钢管再生混凝土柱框架与复合墙板共同工作的新型抗震结构。装配式复合墙中设有门窗洞口，门洞尺寸宽800mm×高1800mm，窗洞尺寸为宽1400mm×高1000mm，与低周反复荷载试件的门窗洞口尺寸一致。

试件的轻型钢管再生混凝土柱框架的南立面图如图2.4.2所示，西立面图如图2.4.3所示。

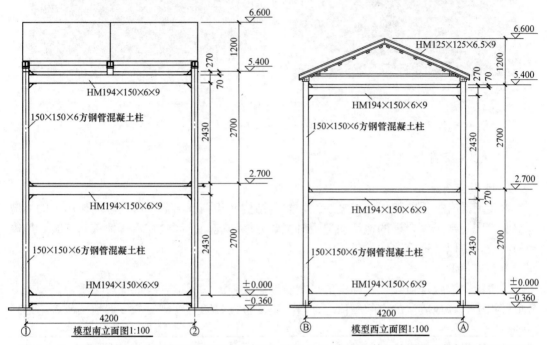

图2.4.2 轻型钢管再生混凝土柱框架的南立面图 图2.4.3 轻型钢管再生混凝土柱框架的西立面图

楼板采用预制再生混凝土板，厚度为70mm，配置φ4@60双向钢筋网。楼板与H形钢梁上翼缘的连接，采用H形钢梁上翼缘焊接栓钉，预制再生混凝土楼板在对应H形钢梁上翼缘焊接栓钉位置预留50mm直径圆孔，圆孔形心与相应位置栓钉截面形心重合，装配式将预制楼板圆孔对应套入H形钢梁上翼缘的栓钉，然后用灌浆料灌满圆孔连接。

试件装配过程的部分实景照片如图2.4.4所示。

(a)　　　　　　　　　　　　　　　　(b)

图2.4.4 试件装配过程部分实景照片（一）

(a) 框架装配；(b) 预制楼板装配

（c）　　　　　　　　　　　　　　　（d）

图 2.4.4　试件装配过程部分实景照片（二）

（c）空框架白噪声激励；（d）复合墙装配

2.4.2　地震波输入

1. 地震波选择

地震动具有很强的随机性和复杂性，同一结构在相同峰值的不同地震波作用下的响应也有所不同。在选择合理的地震动记录时主要考虑地震动的频谱特性、地震动持时、地震动的有效峰值以及地震波的数量等因素。

（1）峰值调整

地震波的有效峰值在一定程度上是衡量地震波强度的标准，模拟地震振动台试验或者数值模拟中选择地震波的有效峰值应该与抗震规范按设防烈度规定的多遇地震或者罕遇地震的峰值一致。

（2）频谱特性

地震动的频谱特性是指地震动对于不同自振频率结构的动力反应特性，一般采用傅里叶谱、反应谱、功率谱来表示。在进行试验时，选择合理的地震波最重要的是输入的地震波的卓越周期应尽可能地在振动台的作用周期范围内。

（3）地震动持时

建筑结构的破坏程度与地震动作用时间的长短有着直接关系。结构刚开始受到地震动作用时，也许只会发生轻微的破坏，但是随着地震动持续时间的加大，损伤累积，破坏程度不断加剧，最后甚至会引起结构的严重倒塌破坏。模拟振动台试验选择地震波时，应该保证所选的地震动的作用时间包含原地震动记录中最强烈的部分。

试验根据以上要素选择了两条天然地震波（EL-Centro 波和 Taft 波）和一条人工波，其中天然地震波的时程曲线如图 2.4.5～图 2.4.8 所示。

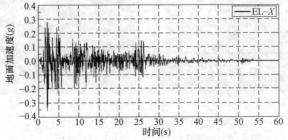

图 2.4.5　EL-Centro 波的 X 向加速度时程曲线

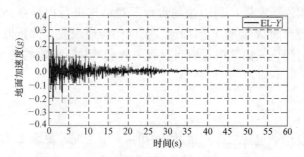

图 2.4.6 EL-Centro 波的 *Y* 向加速度时程曲线

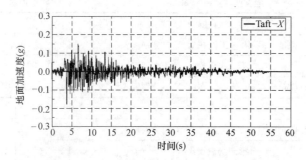

图 2.4.7 Taft 波的 *X* 向加速度时程曲线

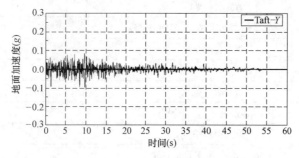

图 2.4.8 Taft 波的 *Y* 向加速度时程曲线

试验所选的地震波的能量主要集中在 $0 \sim 25$Hz 之间，该范围不仅在振动台的振动频率范围（$0 \sim 50$Hz）内，而且较好地涵盖了试件的自振频率范围，地震波的加速度反应谱与规范设计反应谱吻合较好。

2. 加速度峰值调整

试验按照 8 度多遇、8 度基本、8 度罕遇、9 度罕遇，以及更高烈度的地震作用的顺序进行加载。结合《建筑抗震设计规范（2016 年版）》GB 50011—2010 中对加速度峰值的设计规定，共选择了 $0.07g$（8 度多遇地震烈度）、$0.2g$（8 度基本地震烈度）、$0.3g$（8 度半基本地震烈度）、$0.4g$（8 度罕遇地震烈度）、$0.51g$（8 度半罕遇地震烈度）、$0.62g$（9 度罕遇地震烈度）、$0.70g$、$0.75g$、$0.80g$、$0.85g$、$0.90g$ 这 11 个加速度级别。在峰值加速度 $0.62g$ 前，每级加速度幅值按三条地震波（EL-Centro 波、Taft 波、人工波）进行了 *X*、*Y* 双向的轮换加载，轮换时保持两个方向的加速度峰值比例为 $1 : 0.85$；在加速度峰值超过 $0.62g$ 后，按照 $0.70g$、$0.75g$、$0.80g$、$0.85g$、$0.90g$ 的级别来控制加速度峰值，只用 EL-Centro 波进行加载。

45

在每级加速度幅值结束后，利用振动台台面对结构进行白噪声激励，并使用 Matlab 软件分别求各测点与台面 X 向和 Y 向加速度响应的传递函数，分析得出结构的动力特性。计算结构动力特性的变化，由结构每阶自振频率的衰减和阻尼比的变化，分析其损伤演化过程。

2.4.3 工况设计

振动台试验，设计了包括白噪声激励在内的 58 个工况，见表 2.4.1。

振动台试验工况 表 2.4.1

工况	地震波（白噪声）输入	峰值加速度(g)		备注
1	第一次白噪声	0.05	0.05	双向白噪声
2~7	EL-Centro、Taft、人工波在 X、Y 向分别输入	0.07		6 个工况
8	第二次白噪声	0.05	0.05	双向白噪声
9~14	EL-Centro、Taft、人工波在 X、Y 向分别输入	0.20		6 个工况
15	第三次白噪声	0.05	0.05	双向白噪声
16~21	EL-Centro、Taft、人工波在 X、Y 向分别输入	0.30		6 个工况
22	第四次白噪声	0.05	0.05	双向白噪声
23~28	EL-Centro、Taft、人工波在 X、Y 向分别输入	0.40		6 个工况
29	第五次白噪声	0.05	0.05	双向白噪声
30~35	EL-Centro、Taft、人工波在 X、Y 向分别输入	0.51		6 个工况
36	第六次白噪声	0.05	0.05	双向白噪声
37~42	EL-Centro、Taft、人工波在 X、Y 向分别输入	0.62		6 个工况
43	第七次白噪声	0.05	0.05	双向白噪声
44~45	EL-Centro 波在 X、Y 向分别输入	0.70		2 个工况
46	第八次白噪声	0.05	0.05	双向白噪声
47~48	EL-Centro 波在 X、Y 向分别输入	0.75		2 个工况
49	第九次白噪声	0.05	0.05	双向白噪声
50~51	EL-Centro 波在 X、Y 向分别输入	0.80		2 个工况
52	第十次白噪声	0.05	0.05	双向白噪声
53~54	EL-Centro 波在 X、Y 向分别输入	0.85		2 个工况
55	第十一次白噪声	0.05	0.05	双向白噪声
56~57	EL-Centro 波在 X、Y 向分别输入	0.90		2 个工况
58	第十二次白噪声	0.05	0.05	双向白噪声

2.4.4 测点布置

1. 加速度传感器布置

试验在中国地震局工程力学研究所地震工程综合试验室进行，所用振动台为三向模拟地震振动台，台面尺寸 5m×5m，可负担最大质量 30t，倾覆力矩 75t·m，满荷时水平向、竖向最大加速度分别为：±1.0g、±0.7g；速度分别为：±600mm/s、300mm/s；

位移分别为±80m、±50mm。

在结构上布置了 16 个 941-B 型加速度传感器，采集频率为 200Hz，编号为 A1～A16，其中 A1、A2 用于采集台面中心在 X 及 Y 向的加速度，A15、A16 用于采集屋架顶部在 X 及 Y 向的加速度，其余 12 台加速度传感器分别布置在±0.000 标高框架四个柱脚、2.700m 标高框架四个节点、5.400m 标高框架四个节点位置。

2. 位移计布置

模型上共布置 18 台高精度拉线式位移计，拉线位移计固定于台面外的静止钢架上，用于测量试验模型每一层的绝对位移，其编号为 D1～D18。其中 D1～D12 的量程为±400mm，用于测量±0.000 标高框架四个柱脚、2.700m 标高框架四个节点、5.400m 标高框架四个节点的位移；D13～D18 的量程为±150mm，用于测量框架的对角线的位移。

3. 应变片布置

30 个应变测点布置在方钢管混凝土柱的方钢管上和复合墙板端部钢筋上，根据不同的材料把补偿应变片贴在等厚度的钢板和等直径的钢筋上，再把结构上的应变片和补偿应变片通过桥盒接入采集设备。

部分传感器布置的实景照片如图 2.4.9 所示。

(a)   *(b)*   *(c)*   *(d)*

图 2.4.9　部分传感器布置的实景照片

(a) A1 及 A2 布置；*(b)* A6 布置；*(c)* A15 及 A16 布置；*(d)* 拉线位移计布置

2.4.5　试验结果及分析

1. 试验现象

根据试验室振动台的方位，以东西为 X 向，南北为 Y 向。

地震波加速度峰值为 $0.07g$ 左右时，结构没有出现明显的破坏现象。随着加速度峰值增大，在工况 9（加速度峰值 $0.20g$）加载时，部分复合墙板间出现明显的水平裂缝；在工况 23（加速度峰值 $0.40g$）加载时，复合墙板间的水平裂缝已经比较多，在长度和宽度方面都快速增大，甚至有水平贯通裂缝的出现，最大裂缝宽度也达到了 3mm 左右，门角、窗角部位均有裂缝。在振动时裂缝较宽，振动结束裂缝又变窄，但框架结构整体未发生屈服变形；在工况 30（加速度峰值 $0.51g$）和工况 37（加速度峰值 $0.62g$）加载时，结构振动时位移明显较之前增大，墙板间裂缝进一步开展，门角、墙角局部开裂严重，墙板出现多处直径约 10mm 的碎片脱落现象，但框架结构整体仍具有良好的整体性；在工况

44（加速度峰值 0.7g）及工况 50（加速度峰值 0.8g）以后，结构的位移继续增大，复合墙板间裂缝在振动瞬时可达 20mm 左右，但振动结束后能自行弥合，主体结构框架未发生不可恢复的明显变形。工况 53 及工况 56 加载时，结构的一阶自振频率已低于空框架的一阶自振频率，可认为结构复合墙与框架共同工作性能已显著退化，试验结束。

试验现象中还有一个重要的特征是，在后期加载时，墙板之间错位、摩擦、碰撞十分剧烈，瞬时的墙板间动态裂缝宽近似 20mm，但加载结束后，裂缝均小于 8mm，而墙板几乎又恢复到原位，说明主体结构轻钢框架仍具有良好的可恢复功能。

加载前的结构试件及部分激振后墙板的损伤现象如图 2.4.10 所示。

(a)　　　　　　　　　　　　　　　(b)

(c)　　　　　　　　　　　　　　　(d)

图 2.4.10　加载前的试件及部分激振后的墙板损伤现象

（a）加载前的结构试件；（b）前期部分裂缝；

（c）后期裂缝开展情况；（d）门角的复合墙板颗粒脱落

2. 动力特性分析

结构的动力特性随着加载级别的增加而不断变化，能反映出结构损伤演化的过程，是结构损伤程度的宏观指标反映。采用试验的模态参数频域识别法，通过测试结构在白噪声激励下的响应，求解出传递函数，再通过传递函数识别结构的固有频率、阻尼比等参数。具体做法是，每个工况加载前和加载后在振动台台面输入加速度幅值为 $0.05g$ 的双向白噪声，频率分布范围为 $0.5\sim50\,\mathrm{Hz}$，然后采集台面和结构各测点的加速度响应，再利用 Matlab 软件编程计算出传递函数，得出各工况激振前后结构自振频率的变化。实测所得结构前三阶自振频率衰减曲线如图 2.4.11 所示。

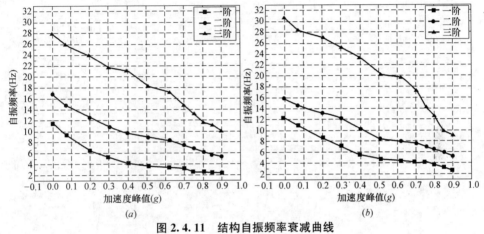

图 2.4.11 结构自振频率衰减曲线

（a）X 向自振频率变化；（b）Y 向自振频率变化

分析图 2.4.11 及实测数据可见：（1）因为试件在 X 向、Y 向的刚度有所不同（X 向复合墙南面为带门洞墙，北面为带窗洞墙，而 Y 向的复合墙均为带窗洞墙），Y 向刚度稍大，故 Y 向一阶自振频率一直较高。（2）结构各阶自振频率随着激振加速度峰值的增大而变小，说明随着结构激振的强度增大和次数增多，结构的损伤逐步加重，刚度减小，周期变长。（3）结构最终在 X 向、Y 向的前两阶自振频率接近，说明此时复合墙体对结构整体刚度的刚度贡献已较小且很接近，X 向、Y 向的刚度主要由装配式轻型钢管混凝土框架决定。

3. 加速度响应分析

加速度放大系数是衡量结构动力响应的重要指标。图 2.4.12 给出了结构在各级加速度峰值的地震波作用下的加速度放大系数对比图。图中横坐标表示加速度放大系数，纵坐标代表结构模型不同高度位置的台面、一层楼板、二层楼板、屋顶处的加速度放大系数，图标 EL-X、EL-Y、Taft-X、Taft-Y、人工-X、人工-Y，分别代表 EL-Centro、Taft、人工波激振及激振方向 X、Y。分析图 2.4.12 可见，结构 2.700m 标高处的加速度响应明显比 5.400m 标高处、6.600m 标高处小，屋顶加速度放大较大，出现了"鞭梢效应"。总体来说，加速度放大系数随结构高度增加而增加，各工况下加速度放大系数最大值都出现在屋顶测点。

同一个加速度峰值的工况下，由于不同的地震波作用，实测结构各楼层的地震反应也不相同，但总体看来，在 0.3g 峰值加速度激振及之前，结构在 EL-Centro 波作用下的加速度放大系数较大。

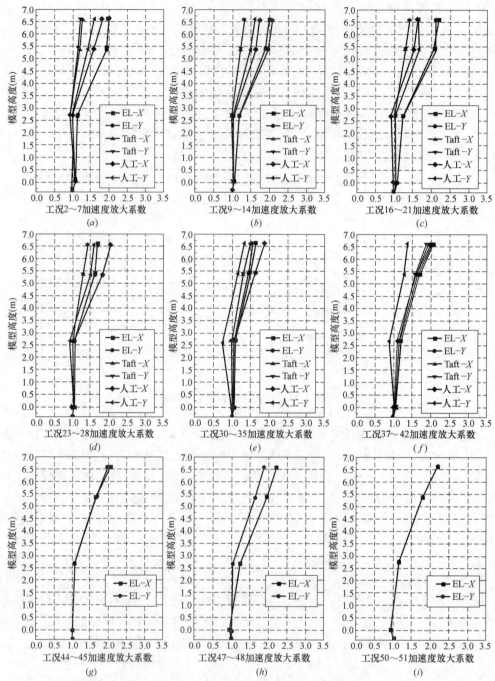

图 2.4.12　各工况下的加速度放大系数对比

(*a*) 加速度峰值=0.07*g*；(*b*) 加速度峰值=0.2*g*；(*c*) 加速度峰值=0.3*g*；

(*d*) 加速度峰值=0.4*g*；(*e*) 加速度峰值=0.51*g*；(*f*) 加速度峰值=0.62*g*；

(*g*) 加速度峰值=0.7*g*；(*h*) 加速度峰值=0.75*g*；(*i*) 加速度峰值=0.8*g*

4. 位移响应分析

　　结构上共布置 18 个拉线位移计，位移峰值均取绝对值，由于工况较多，仅给出实测 8 度多遇、8 度基本、8 度罕遇、9 度罕遇级别及加速度峰值为 0.8*g* 的地震作用下高度

±0.000至标高2.700m的结构一层层间位移时程曲线及标高2.700m至5.400m之间的结构二层层间位移时程曲线，如图2.4.13~图2.4.17所示。

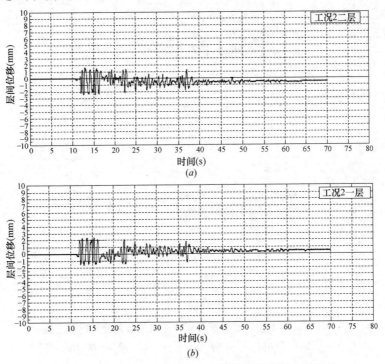

图2.4.13 8度多遇地震作用下结构的层间位移时程曲线

（a）工况2结构二层层间位移；（b）工况2结构一层层间位移

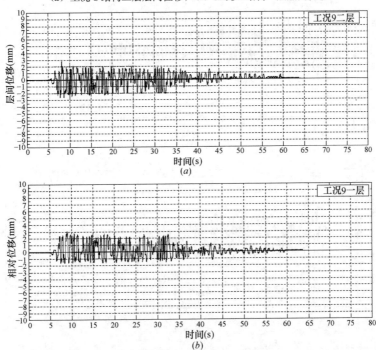

图2.4.14 8度基本地震作用下结构的层间位移时程曲线

（a）工况9结构二层层间位移；（b）工况9结构一层层间位移

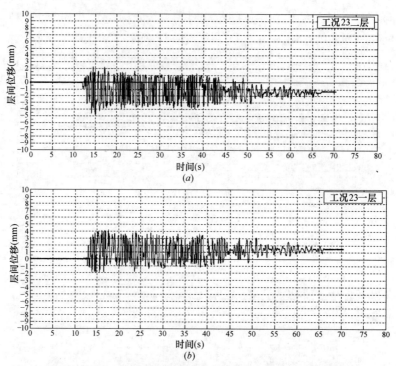

图 2.4.15　8 度罕遇地震作用下结构的层间位移时程曲线

（a）工况 23 结构二层层间位移；（b）工况 23 结构一层层间位移

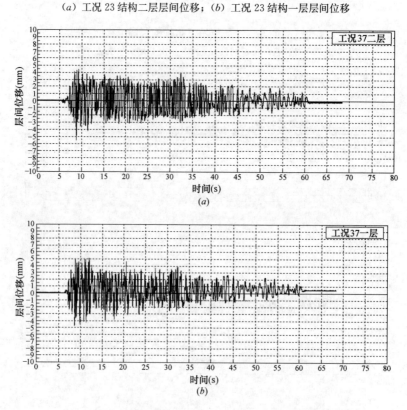

图 2.4.16　9 度罕遇地震作用下结构的层间位移时程曲线

（a）工况 37 结构二层层间位移；（b）工况 37 结构一层层间位移

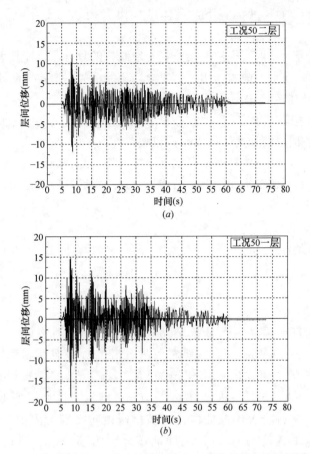

图 2.4.17 加速度峰值为 0.8g 的地震作用下结构的层间位移时程曲线

(a) 工况 50 结构二层层间位移；(b) 工况 50 结构一层层间位移

由图可见：由于轻钢框架和复合墙的共同作用，结构在 8 度多遇地震、8 度基本烈度地震作用下，其层间位移角在 1/863～1/1125 之间，接近于《建筑抗震设计规范（2016年版）》GB 50011—2010 所规定的钢筋混凝土剪力墙 1/1000 和钢筋混凝土框架—剪力墙 1/800 的弹性层间位移角限值，小于钢筋混凝土框架结构 1/550 和钢框架结构 1/250 的弹性位移角限值；在 8 度罕遇地震、9 度罕遇地震甚至更大加速度峰值的地震作用下，结构层间位移角在 1/622～1/145 之间，小于《建筑抗震设计规范（2016 年版）》GB 50011—2010 所规定的钢筋混凝土剪力墙 1/120 和钢筋混凝土框架—剪力墙 1/100 的弹塑性层间位移角限值。可见，装配式轻型钢管混凝土框架—复合墙结构弹塑性层间位移限值，应小于钢筋混凝土框架结构和钢框架结构弹塑性层间位移限值，且与钢筋混凝土框架—剪力墙结构相近。

2.4.6 主要结论

（1）地震波加速度峰值为 0.07g 左右时，结构没有出现明显的破坏现象；在加速度峰值 0.2g 时，只是部分复合墙板间出现水平裂缝；在加速度峰值 0.4g 时，复合墙板间的水平裂缝已经比较多，但主体结构没有明显的损伤破坏。表明，装配式轻型钢管混凝土柱框架—复合墙结构在 8 度大震下，主体结构没有损坏，复合墙体有损伤，8 度大震可修。

（2）装配式轻型钢管混凝土柱框架—复合墙结构的复合墙，能较大程度地提高结构整体的刚度，在承受较强水平地震作用时，复合墙板能成为一道抗震防线，减小结构的层间位移，减轻主体结构框架的损伤，提高结构的抗震耗能能力。

（3）同一个加速度峰值的工况下，在 0.3g 峰值加速度激振及之前，结构在 EL-Centro 波作用下结构各楼层的加速度放大系数较大。

（4）抗震设计中，装配式轻型钢管混凝土柱框架—复合墙结构的弹塑性层间位移角限值，小于钢筋混凝土框架结构和钢框架结构，可采用钢筋混凝土框架—剪力墙结构弹塑性位移角限值。

2.5 工程示范案例

2.5.1 项目概况

该工程位于北京市顺义区木林镇马坊村，2016 年 9 月启动，为一栋地上 2 层的坡屋面村镇住宅，该工程的首层平面图、立面图、结构平面布置图、梁柱连接节点详图如图 2.5.1 所示。该住宅一层建筑面积 152m²，二层建筑面积 144m²，首层层高 3.8m，二层层高 3.5m，室内外高差 0.45m。结构主体为轻型钢管混凝土柱框架，内外墙均为轻质新材料防火保温墙体。建筑抗震设防类别为丙类，抗震设防烈度为 8 度，设计基本地震加速度为 0.2g，设计地震分组为第一组。建筑场地类别为 II 类，场地特征周期 0.35s。

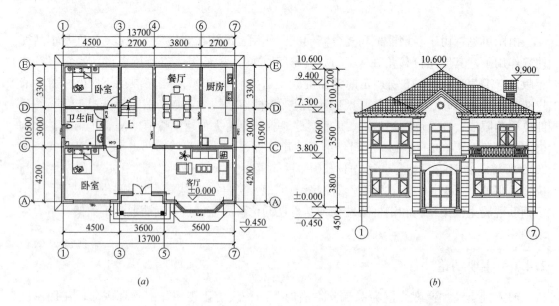

(a) (b)

图 2.5.1 建筑施工图及结构施工图部分图样（单位：mm）（一）

(a) 首层平面图；(b) 南立面图

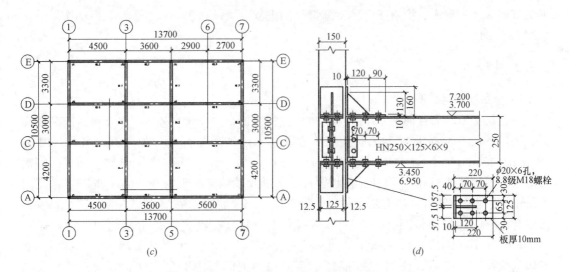

图 2.5.1 建筑施工图及结构施工图部分图样（单位：mm）（二）

（c）结构平面布置图；（d）梁柱连接节点详图

住宅首层有两个卧室、客厅、餐厅、厨卫，以及室内楼梯，最大柱距 5.6m，最小柱距 3.3m，轻型钢管再生混凝土柱钢管截面尺寸为 150mm×150mm×8mm，Q235 钢材，内灌 C40 再生混凝土。梁为 H 形钢梁，因跨度不同钢梁分为两种尺寸，梁高分别为 250mm 和 300mm。轻型钢管再生混凝土柱和 H 形钢梁的连接，采用课题组研发的双 L 形带加劲肋节点。因房屋的层高较高，为保证抗震安全性，在结构平面的四角，设置了轻钢桁架。

轻钢桁架由两根柱和斜杆构成，其中一根柱用截面 150mm×150mm×8mm 的轻型钢管混凝土框架柱兼作，另一根柱是新增的截面 100mm×100mm×4mm 的轻型钢管混凝土柱，斜杆采用圆钢管；外墙发泡混凝土墙体施工完成并养护后，结构的四角形成了 L 形截面内藏钢桁架的组合墙体，具有 L 形短肢剪力墙的工作形状，因此该结构实质上为轻型钢管混凝土柱框架—组合墙—复合墙结构体系。

该住宅的外围护墙体，不是预制装配式复合墙体，采用的施工方法是：先在墙体内外表面位置固定硅酸钙板，硅酸钙板腔体内设置轻钢龙骨，轻钢龙骨与硅酸钙板连接可实现墙体的准确定位，且可有效防止硅酸钙板形成的墙体空腔浇筑发泡混凝土时的胀模现象出现，外围护复合墙体的耐火保温墙体材料其组分为聚苯颗粒和发泡混凝土材料，硅酸钙板形成的墙体腔内浇注耐火保温墙体材料后，就形成

图 2.5.2 工程竣工后现场照片

了集节能保温、耐火、抗震于一体的新型外围护复合墙体系统。该工程竣工后的实景照片如图2.5.2所示。

2.5.2 技术特点

1. 独立基础与柱脚

该建筑场地原为普通宅基地，地基承载力特征值在100kPa以上，考虑到结构层数不高，采用了柱下钢筋混凝土独立基础，辅以墙下砖砌条形基础。独立基础底面尺寸为400mm×450mm，下设100mm厚素混凝土垫层，基础侧面砌砖。独立基础顶面按柱脚钢板圆孔位置预埋8根M18螺杆，预埋螺杆下部锚入基础混凝土内300mm，螺杆上部露出80mm。装配轻型钢管再生混凝土柱时，使露出基础顶面的8根M18螺杆穿过轻型钢管再生混凝土柱的柱脚钢板圆孔，再用M18螺母拧紧固定。砖砌的条形基础顶面设截面高350mm×宽250mm的圈梁一道，以增强房屋基础的整体性并有效传递墙体竖向荷载。圈梁纵筋贯穿独立基础，浇筑C30混凝土后的圈梁顶面与柱下独立基础顶面同高，如图2.5.3所示。

图2.5.3 示范工程基础施工

2. 装配式轻型钢管混凝土柱

该工程所用轻型钢管再生混凝土柱，预先在钢构件工厂加工方钢管柱并在柱上焊接好双L形带加劲肋节点及柱脚，运输到现场后钢管柱腔体灌注C40再生混凝土，为保证灌注质量，选用了粒径为5~10mm的再生骨料和天然砂配制的混凝土。待基础混凝土和方钢管柱中混凝土达到强度要求后，即可进行装配式轻型钢管再生混凝土柱的吊装，施工过程的部分照片如图2.5.4所示。

轻型钢管再生混凝土柱在截面的两个对称轴方向的抗侧刚度相等，采用轻型钢管再生混凝土柱框架与采用传统的H形钢柱框架相比，在抗震、抗火和耐久性方面有明显的优势。

3. 四角设置轻钢桁架

由于该住宅的抗震设防烈度为8度，且其两层的层高分别3.8m和3.5m，加之框架柱的最大柱距为5600mm，首先对采用钢管截面150mm×150mm×8mm的轻型钢管再生

图 2.5.4 施工过程的部分照片
(a) 装配轻钢框架,用螺栓连接;(b) 墙板支模和楼板浇筑同时进行;
(c) 一层墙板和二层楼板施工完成;(d) 二楼墙板及坡屋顶施工

混凝土柱框架进行了刚度和侧移计算,数据显示抗侧刚度和抗扭刚度均不足。因此,设计时在轻型钢管再生混凝土框架结构平面布置的四角设置了轻钢桁架,以提高刚度和承载力,如图 2.5.5 所示。结构平面四角设置轻钢桁架的位置,即距框架结构角柱轴线的距离,通常由门窗洞边缘位置决定,没有门窗洞口时,四角轻钢桁架柱至框架结构角柱的轴线距离不宜小于 800mm。轻钢桁架由两根柱和斜杆构成,轻钢桁架设计中,将轻型钢管再生混凝土柱框架的角柱作为桁架角部柱,另一根桁架柱采用了钢管截面为 100mm×100mm×6mm 的轻型钢管再生混凝土柱,该柱与梁连接处采取了梁贯通、柱断开的方案,柱端部设置了与框架 H 形钢梁翼缘螺栓连接的方钢板;轻钢桁架斜杆采用直径 50mm、壁厚 3.5mm 的圆钢管。外墙发泡混凝土墙体施工完成并养护后,结构的四角形成了 L 形截面双向内藏钢桁架的组合墙体,具有 L 形短肢剪力墙的工作形状,因此该结构实质上为轻型钢管混凝土柱框架—组合墙—复合墙结构体系。

计算分析表明,采用这种结构平面四角设置轻钢桁架的抗震措施,可显著提高结构的抗侧刚度和抗扭刚度,避免或减轻结构整体在水平大震作用下因质量中心和刚度中心不重合而产生的扭转破坏,保障结构的抗震安全性。

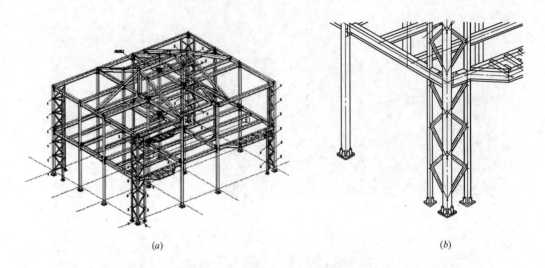

(a)　　　　　　　　　　　　　　　　　　*(b)*

图 2.5.5　结构平面四角设置轻钢桁架

（*a*）轻钢框架—桁架结构；（*b*）角部设置的轻钢桁架

4. 轻型钢管混凝土柱与钢梁连接节点

针对不同跨度，该工程采用了两种截面尺寸的 H 形钢梁，钢材为 Q235B 钢，规格分别为（1）窄翼缘 H 形钢 HN300×150×6.9；（2）窄翼缘 H 形钢 HN 250×125×6×9。由于梁柱连接节点对结构的抗震性能影响较大，经过对比分析，采用了如图 2.5.6（*a*）所示的双 L 形带加劲肋节点，框架梁柱装配连接后的节点构造照片如图 2.5.6（*b*）所示。

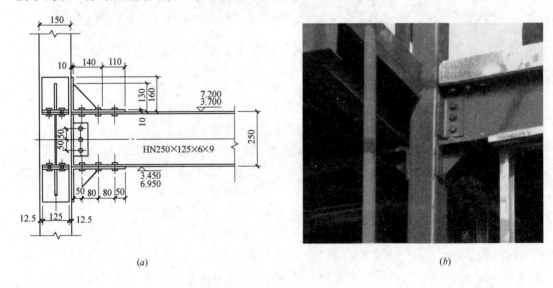

(a)　　　　　　　　　　　　　　　　　　*(b)*

图 2.5.6　梁柱连接节点

（*a*）梁柱连接节点构造；（*b*）装配后的梁柱节点照片

5. 压型钢板—再生混凝土组合楼板

工程采用了压型钢板—再生混凝土组合楼板，所用压型钢板为 Z450 镀锌钢板，双面镀层，钢板厚为 2mm，波高为 60mm，波距为 180mm，镀锌钢板重量为 450g/m²；每个波底加筋 1Φ8。压型钢板与再生混凝土形成组合楼板，压型钢板不仅代替了木模板并且可作为承重结构截面的组合部件。组合楼板施工如图 2.5.7 所示。

(*a*)　　　　　　　　　　　　　　　　(*b*)

图 2.5.7　压型钢板再生混凝土组合楼板施工

（*a*）组合楼板内布置的管线；（*b*）组合楼板的混凝土浇筑

6. 内外墙及屋面板

为了改善墙体的保温、耐火等方面的性能，该工程采用泡沫混凝土、聚苯乙烯颗粒（EPS）、煤矸石作为原材料，将聚苯乙烯颗粒作为轻集料，煤矸石部分替代混凝土粗集料，加工成价格低廉且保温、耐火性能好的轻质泡沫混凝土外围护墙体材料。通过聚苯乙烯颗粒表面改性、煤矸石活化等方法，使得墙体既有所需的理想强度，又有良好的保温耐火性能。该工程内外墙及屋面板均采用了这种轻质保温耐火材料，施工现场制备该材料的流程如图 2.5.8 所示。

图 2.5.8　轻质保温耐火材料制备流程

这种轻质保温耐火材料具有较好的流动性，可以实现浇筑施工。浇筑前需要在内外墙面固定轻钢龙骨，轻钢龙骨与复合墙体两侧硅酸钙板连接，硅酸钙板既作为浇筑模板又作为永久性的复合墙体面板。浇筑过程中，对墙板与基础之间的缝隙需密封。复合墙体轻质泡沫混凝土浇筑完成后，轻质防火保温材料需要凝固，凝固时间在夏季约为 1h，冬季约为 2h。浇筑完第一层轻质泡沫混凝土并待其凝固之后，再浇筑第二层轻质泡沫混凝土，浇筑施工的现场照片如图 2.5.9 所示。

该工程内外墙采用了上述的轻质保温耐火材料，屋顶保温内层采用挤塑聚苯乙烯板（XPS），并用 10mm 厚砂浆抹灰，再外喷聚氨酯。工艺简单，易操作，施工周期短。此外，该轻质泡沫混凝土防火材料自身导热系数低，可以达到

图 2.5.9　复合墙浇筑轻质泡沫混凝土施工现场

0.05W/（m·K），密度约为 300kg/m³，根据不同的配合比，其抗压强度可控制在 0.2～2.0MPa 之间，耐火等级可达到 A 级。

2.5.3　小结

（1）以北京市顺义区木林镇马坊村一栋 2 层住宅为工程案例，对其主体结构、节点连接形式和装配施工等关键点进行了介绍和分析。该工程主体结构采用轻型钢管再生混凝土柱框架结构，梁柱节点采用双 L 形带加劲肋节点。施工中，除楼板、外围护墙、楼梯构件外，结构的其他构件全部在现场装配完成。该工程不仅施工工期短，而且保温、耐火性能良好，同时也符合建筑工业化发展的需求。

（2）课题组研发的轻钢框架—组合墙—复合墙结构体系，在河北省张家口地区和邯郸地区已规模化推广应用，社会效益和经济效益明显。

（3）以课题组系统的研究为基础，形成了系列具有自主知识产权的成果。其中，以汇集的部分成果为基础，正在编制河北省地方标准《装配式低层住宅轻钢框架—组合墙结构技术标准》及北京市地方标准《装配式低层住宅轻钢框架—组合墙结构技术标准》，加大装配式低层住宅轻钢框架—组合墙—复合墙结构的应用推广力度，促进自主知识产权技术的转化。

第3章 装配式轻钢框架—预应力支撑结构与案例

3.1 概述

为贯彻安全实用、节能减废、经济美观、健康舒适的美丽乡村绿色农房建设总要求，通过调研分析当前我国不同地区农房建造的技术经济适宜性，充分考虑地域适用性、乡村自助建房和无大型装备施工的适应性，同时基于抗震安全性提升和绿色建造理念，提出了一种低成本装配式农房新型工业化结构体系——装配式轻钢框架—预应力支撑结构体系。该体系结构效率高，抗震性能优且具有良好的震后功能可恢复性；适合自助装配、现场免焊、快速建造；设计便捷、造价经济；结构与围护高度集成、配合良好。主要技术经济指标符合绿色农房建设导则要求，具有大规模应用于美丽乡村绿色农房建设的市场推广价值。

3.2 结构体系构成及特点

3.2.1 结构体系

装配式轻钢框架—预应力支撑体系是以柱、梁、支撑构件组成的结构体系。有别于柱构件上下贯通、梁构件连接于柱侧的常见钢框架体系，装配式轻钢框架—预应力支撑体系中具有较强刚度和抗弯承载力的梁构件贯通，柱构件长度为楼层高度，连接于上层梁下表面和下层梁上表面（或基础顶面）。其最大特点是为充分满足工业化建造而采用了分层装配式构法。结构体系的总体构成如图3.2.1所示，在梁柱节点处保持梁通长、柱分层，通过端板螺栓形式实现梁与柱、梁与梁、梁与屋架以及柱与基础等的连接。虽然梁柱节点具有一定抗弯刚度，但该体系本质上主要依靠柱间交叉柔性支撑抵抗水平力。结构的主要传力路径

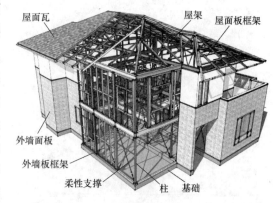

图3.2.1 结构体系构成示意

如图3.2.2所示。各种构件、节点示意如图3.2.3、图3.2.4所示。

根据使用部位和用途，梁可采用热轧H型钢或轻量高频焊接H型钢。从利于工业化

建造角度出发，根据翼缘宽度与腹板高度的不同一般分为 3 种规格。柱采用冷成型方钢管，根据截面宽度和管壁厚度的不同一般分为 2 种规格。柱间支撑作为结构的重要传力部件，采用了自研制的新型套筒式花篮加扁钢的形式。根据支撑的水平投影宽度分为 1P、1.5P、2P（1P 为开间基本模数 1200mm）共 3 大类，每类又根据承载能力划分为标准型和高强型两种。

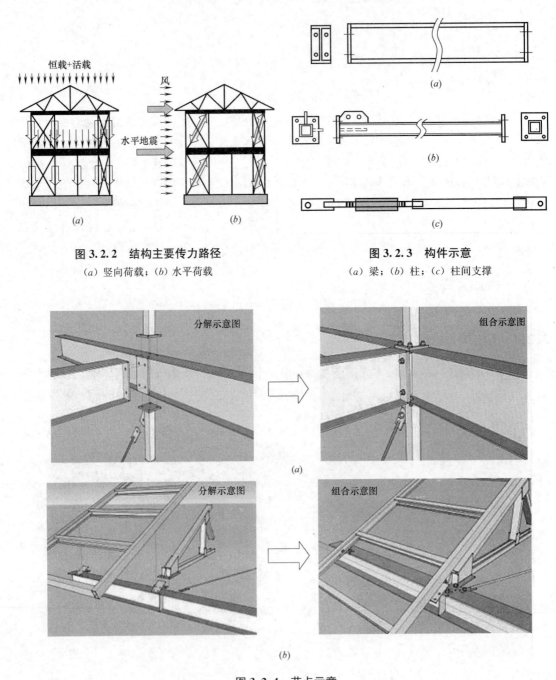

图 3.2.2　结构主要传力路径

（a）竖向荷载；（b）水平荷载

图 3.2.3　构件示意

（a）梁；（b）柱；（c）柱间支撑

图 3.2.4　节点示意

（a）梁柱节点与主次梁节点；（b）梁—屋架节点

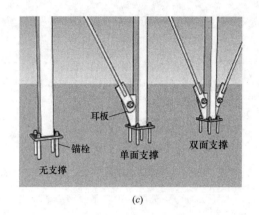

(c)

图 3.2.4　节点示意（续）

（*c*）柱脚节点与支撑节点

3.2.2　技术特点

1. 梁贯通、柱分层

该结构体系的梁柱连接采用梁贯通式全螺栓端板节点，即在梁柱节点处保持梁通长、柱分层，通过螺栓将柱子端板与梁翼缘直接连接。梁线刚度远大于柱的线刚度，不追求强柱弱梁。采用该种连接方式，不但构造非常简单，而且每根柱子长度仅为 3m 左右，重量约 30kg，可不使用起重机而直接用手工安装。采用柱梁构件逐层顺次安装方式，可在底层梁安装完成，从而形成一个施工平台后再进行上一层柱的安装，因而有效减少高空作业，在提高安全性的同时大大改善了施工效率。这种类似于搭积木一样的"分层装配式"安装方式（见图 3.2.5）业已成为国外许多工业化建筑的最主要特点之一。另外，针对"上层有柱，下层抽柱"等一些建筑平面布置上的特殊要求，采用这种"梁担柱"的构造方式比较容易实现上下层柱的错位布置而加大平面设计的灵活性。

在结构性能方面，与传统的柱贯通模式相比，这种梁贯通式体系具有以下 3 个特点：（1）连续梁效应：即贯通节点的梁均为连续梁，与相同截面和跨度的简支梁相比具有抗弯刚度大，跨中挠曲变形小的特点。（2）"扁担"效应：与截面高度为 80mm 的方钢管柱相比，高度为 300mm 的梁线刚度很大，梁犹如一根扁担一样担着几根柱子（包括支撑），可以通过梁来协调柱子之间的变形，起到一个内力再分配的作用。尤其对支撑两边的柱子来说，可通过梁的扁担效应将由支撑传来的附加轴力分配到其他柱子，从而减轻该柱的负担。（3）强梁弱柱：该种构造方式使得结构体系无法满足通常意义上的强柱弱梁抗震概念设计要求，最终表现为层破坏机制。但是，当其用于屋盖较轻的建筑时，柱平均轴压比不超过 0.3。根据《建筑抗震设计规范》GB 50011—2010 条文第 8.2.5 条，对梁柱节点可不做"强柱弱梁"的要求。

因此，根据工业化的需求和基于结构性能的平衡考虑，这种"梁贯通、柱分层"的结构适用于低多层绿色农房工业化建筑，既可发挥工业化的优势，又能实现低成本和确保结构的安全性。

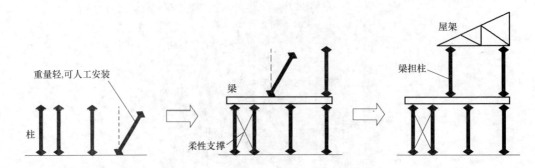

图 3.2.5　分层装配安装过程示意

2. 柔性抗拉支撑

该体系本质上属于依靠柱间支撑承担主要水平荷载的结构。由于支撑需要内置于墙体内，因此采用了截面较小的柔性扁钢抗拉支撑。为达到大震不倒的抗震设计目标，需要确保支撑在具有足够抗拉承载力的同时还具有较高的延性。由于采用了柔性支撑体系，该结构并不过分追求耗能性能。

张紧装置是柔性支撑的关键部件。国外相关工业化住宅产品所用的支撑张紧装置采用了转造螺纹螺杆和特制花篮来确保支撑的承载力和延性，但这种配件的制造工艺复杂，现阶段在国内市场也无法采购。为简化制作工艺且满足结构设计要求，相关研制单位开发了新型套筒螺栓。该花篮螺栓部分采用传统的切削螺纹工艺，套筒采用定型产品（六角形套筒）加工，螺母采用便于加工成型的 SC45 钢材，螺杆采用材质为 Q345B 的 M24 切削加工螺栓。通过选用适当材性和面积的扁钢，将其屈服承载力控制为远小于花篮部分和焊接连接部分设计承载力而确保塑性变形发生在扁钢部分。经试验测试表明可以达到国外同类产品的技术要求。柱间支撑的两端则通过 M20 承压型高强螺栓（8.8 级）与柱子上的耳板连接。

3. 半刚性柱梁节点

由于日本相关规范未对低多层结构提出多道抗震设防的要求，所有的水平力均可由支撑承担，因此该体系在日本应用时大多采用全铰接柱梁节点构造。为满足我国抗震设计规范的要求，对其连接构造进行了改进，即在柱子两端设置方/矩形端板，通过 4 个 M12 高强螺栓与宽度为 150mm 的梁翼缘连接。底层柱脚采用 M16 或 M20 锚栓与基础连接，为了安装方便而扩大了端板尺寸，采用 180mm×150mm 的矩形端板，同时增加了板厚。由于柱脚混凝土基础刚度比上部梁柱节点刚度大。通过梁柱节点试验和结构整体试验表明，该结构体系的柱端外伸端板式连接方式可使柱子承担一定比例的水平地震作用，若再考虑该结构体系外周柱间距较小（一般情况下不超过 2.4m，最大不超过 3.6m），数量较多，可以将其作为除支撑外的第 2 道抗震设防措施。从结构整体性能看，改进后的节点构造措施使得该体系具有比日本同类体系更好的刚度与抗震性能。

4. 现场安装采用承压型高强螺栓连接

梁—柱、梁—梁、柱—支撑构件间的连接均采用承压型高强螺栓连接，而非摩擦型高强螺栓连接。由于不要求严格的扭矩管理，且连接接触面无须进行特殊处理，允许采用与普通螺栓相同的施工方法，这一方面可以使得所用螺栓当达到同等节点承载力情况下比普通螺栓尺寸小，另一方面也简化了施工工艺。但在设计节点时需确保高强螺栓始终为弹性，避免由螺杆塑性变形引起的节点承载力降低。

5. 模数化设计与定型开发标准化构件

与一般建筑体系相比，工业化建筑的最大特点是各种构件的工厂预制比率很高。根据工厂的流水线作业的特点，单一构件的重复加工作业效率最高，产品质量也最容易得到保证。为了充分发挥工厂生产的优势，在设计时首先考虑按照模数设计，该结构体系平面布置时通过标准化来限制构件（尤其是梁、支撑）的种类，即采用 1P（1200mm）为基本模数，而不是更小的模数单位（如 100mm 或 300mm）。另外，各种构件的截面外形尺寸尽可能统一（最多不超过 3 种），通过改变板厚来满足各种结构性能要求，且预先通过试验研究明确其性能，即定型开发标准化构件。这种方式既方便工厂加工，也保证构造的统一，简化了连接细节处理。当然，构件标准化和统一化有时是以成本上升为代价的，即在一定程度上可能造成材料选择余地小，用钢量增加。

6. 楼盖体系与基础

结构体系的楼盖可采用传统现浇钢筋混凝土楼盖，也可采用轻型预制叠合板、ALC板、木楼盖等轻质装配式楼盖。自重较大的楼盖可能对抗震不利，但整体刚度比设置水平斜撑的轻质楼盖大，对于住宅来说抗振动性能较好，舒适度较高，造价相对较低。

基础（包括地下室顶板）采用常规形式。由于整体结构自重较轻，基础尺寸不大。底层柱通过 4 根锚栓固定在基础上。为了保证柱、墙板等构件的安装精度，在基础部分也进行了相应的质量保证措施（如使用锚栓架等）。

3.2.3 技术可靠性、先进性和经济合理性

该体系的技术可靠性、先进性体现在：

（1）与传统钢框架结构相比，装配式轻钢框架—预应力支撑结构体系在静力荷载和小震烈度下由支撑承担水平荷载，梁柱框架承担竖向荷载，因而传力明确，设计便捷，也确保了计算可靠。

（2）无论是足尺房屋振动台试验还是低周往复滞回试验、节点试验的研究成果均表明，装配式轻钢框架—预应力支撑结构体系延性优、抗震性能好。该体系也经历了实际大地震的检验，在 2005 年日本阪神地震和 2011 年东日本大地震中均未发生严重破坏或倒塌。

（3）与传统钢框架结构相比，装配式轻钢框架—预应力支撑结构体系由于采用了全螺栓连接梁贯通式节点，因而克服了采用传统"柱贯通＋梁端板连接"方式建造多层建筑时难以有效解决的沿楼层高度累积安装误差问题，实现了 100％ 的结构预制装配率。

（4）与传统钢框架结构相比，装配式轻钢框架—预应力支撑结构体系由于采用了分层装配式工法，因而结构布置更为灵活，更加便于安装。

（5）与传统钢框架结构相比，装配式轻钢框架—预应力支撑结构由于传力路径明确，主要依靠支撑抗侧力且柱端为半刚接，因而柱截面可以设计的较小，易于内嵌于墙体，从而解决了传统钢框架钢柱外露影响内装设计及其冷热桥、防火处理等问题。

（6）与传统钢框架结构相比，装配式轻钢框架—预应力支撑结构由于采用了柔性扁钢支撑作为抗侧耗能构件，因而在中震甚至大震烈度下可使梁柱框架几乎处于弹性，损伤集中发生于柔性支撑，震后易于修复和更换，同时具有良好的震后可恢复性。

该体系的经济合理性体现在：

（1）与传统钢框架结构相比，采用装配式轻钢框架—预应力支撑结构的低、多层房屋可节约用钢量 30%～50%左右。

（2）节点构造简单，尤其适合大批量工业化生产，从而大幅降低现场人工成本。

（3）单个构件小，利于运输，现场安装简便，从而无须使用大型施工装备，十分适合乡村自助建房。

（4）制作精度易满足，施工调节容易，适宜普遍推广。

3.3　性能研究

为探究装配式轻钢框架—预应力支撑体系的力学性能，并为此类体系的设计和推广提供依据，课题组对于此体系开展了详尽的试验探究。在本小节之中将对其节点、支撑以及结构的整体性能研究进行介绍。

3.3.1　节点性能研究

1. 研制改进

我国的《建筑抗震设计规范》GB 50011—2010 有关概念设计和抗震构造措施的规定，要求结构须有多重抗震防线，从而避免大震下因部分结构或构件破坏而导致整个结构丧失抗震能力或对重力荷载的承载能力。而该体系在日本应用时采用的梁贯通式节点属于铰接连接，因此结构的水平抗侧力完全由支撑提供，一旦支撑失效则意味着结构丧失承载能力。这种不具备多重抗震防线的结构体系不符合我国现行《建筑抗震设计规范》GB 50011—2010 的要求。因此设想通过对节点的构造加以研制改进，使其具备一定的抗弯刚度和延性，以保证柱子在大变形条件下能够承担部分水平地震力，从而提高体系的抗震性能。

基于上述背景，对节点构造的研制改进措施如下：（1）原结构节点接近于采用 1 颗螺栓的销铰连接，如图 3.3.1（a）所示。改进后的节点均为采用 4 颗螺栓的端板连接，如图 3.3.1（b）所示。（2）原结构节点梁上无加劲肋，改进后的节点梁上设有加劲肋。

(a)　　　　　　　　　　　　　　　(b)

图 3.3.1　节点改进前后的对比

(a) 改进前；(b) 改进后

（3）改进后节点的支撑耳板与柱连接方式与改进前节点亦有所不同，即耳板底面与柱端板需进行焊接。这些构造一方面有利于工业化生产，另一方面也使节点具有了一定抗弯刚度和承载力，从而有可能作为结构的第二道防线。

经研制改进后的节点虽然构造简单，但由于仍为梁贯通式节点，其传力机制、破坏模式、刚度、承载力和延性等性能指标以及最优构造模式均需要进行深入研究。

2. 试验方案

试验以平面内 T 形梁柱连接节点为研究对象，试件为实际结构的中柱，在不与柱相连的梁翼缘中部约束其位移以模拟下柱，梁端采用固定铰约束，柱顶采用移动铰约束，两者长度均取至反弯点。在柱顶施加恒定的竖向荷载，同时施加往复水平荷载以模拟地震作用下的水平剪力，如图 3.3.2 所示。

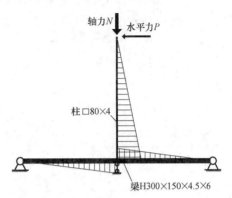

图 3.3.2 试件受力示意图

（1）试件

设计了 4 个改进后的典型节点试件，考察的因素包括节点构造和柱轴压比。试件按照节点构造＋加载制度形式命名，分别为试件 S-B1C2-0C、S-B1C2-0.3C、S-B1C0-0.3C、S-B2C2-0.3C：首个字母 S 表示端板尺寸为 150×150（4M12 高强螺栓）的节点；中间字母及数字表示局部构造，即 B 代表梁，第 1 个数字表示梁翼缘下部加劲肋数量，C 代表柱，第 2 个数字表示柱侧加劲肋个数；最后 1 组数字及字母分别表示柱子轴压比和加载模式，C 代表往复加载。

所有试件的梁截面尺寸均为 H300×150×4.5×6，柱截面尺寸均为□80×4，加劲肋厚度均为 8mm。各试件的构造细节及柱子轴压比如图 3.3.3、图 3.3.4 所示。

（2）试验装置

水平荷载由 100kN 双作用千斤顶（行程±150mm，端部加装高精度力传感器）施加，千斤顶尾部与反力架采用固定铰连接；竖向加载采用 500kN 油压千斤顶，尾部与反力架之间设置万向球，实现千斤顶的跟动，如图 3.3.5 所示。

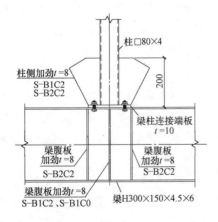

图 3.3.3 节点构造示意（单位：mm）

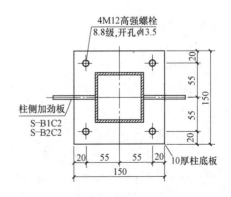

图 3.3.4 柱端节点图（单位：mm）

3. 试验现象和破坏模式

(1) S-B1C2 系列试件试验现象

S-B1C2 系列试件包括试件 S-B1C2-0C（无轴力往复加载）和 S-B1C2-0.3C（有轴力往复加载）。

试件 S-B1C2-0C 在整个加载过程中，方管柱在柱加劲肋顶部位置由于加劲肋引起的局部应力集中率先进入了塑性，接着梁翼缘局部由于螺栓的面外拉力作用进入塑性，随后塑性区不断扩展，梁翼缘上的各应变测点相继进入塑性。之后梁柱连接端板的各应变测点也进入塑性。最终试件的破坏模式表现为梁翼缘产生了过大的塑性变形，如图 3.3.6 所示。

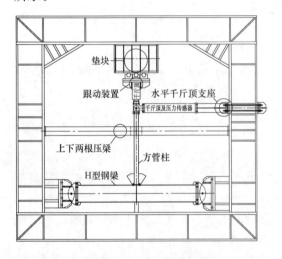

图 3.3.5 试验装配图

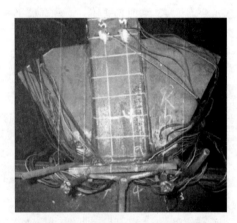

图 3.3.6 S-B1C2-0C 试件破坏模式

同试件 S-B1C2-0C 相比，试件 S-B1C2-0.3C 施加了轴压比为 0.3 的柱轴力，从而考察轴压力对节点性能的影响。由于施加了轴压力，柱加劲肋顶部截面两侧翼缘率先屈服，之后方管柱塑性区扩展至中部截面，同时梁翼缘的各应变测点相继进入塑性，之后梁柱连接端板和柱加劲肋顶部截面腹板上的应变片也进入塑性。最终，试件 S-B1C2-0.3C 梁翼缘出现了明显的变形，如图 3.3.7 (a) 所示，同时伴随着方管柱的轻微局部鼓曲现象，如图 3.3.7 (b) 所示。但与试件 S-B1C2-0C 相比，试件 S-B1C2-0.3C 最终破坏时的梁翼缘变形明显偏小。

(2) 试件 S-B1C0-0.3C 试验现象

试件 S-B1C0-0.3C 同 S-B1C2 系列试件相比无柱侧加劲肋，在试验过程中施加了轴压比为 0.3 的柱轴力。试件加载过程中，首先柱根部截面和梁腹板局部屈服，之后梁翼缘上的各应变测点相继进入塑性，加载后期柱中部截面及梁柱连接端板进入塑性。最终也表现为梁翼缘过大塑性变形的破坏模式，如图 3.3.8 (a) 所示。

(3) 试件 S-B2C2-0.3C 试验现象

试件 S-B2C2-0.3C 同 S-B1C2 系列试件相比，梁有 2 道加劲肋，翼缘平面外刚度和承载力有明显提升。加载过程中，试件的破坏始于柱加劲肋顶部截面，之后塑性区扩展至方管柱中部截面，然后梁柱连接端板的应变测点进入塑性。最终，试件由于柱截面鼓曲而破

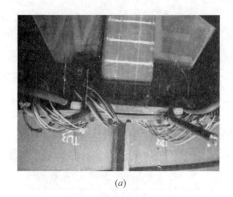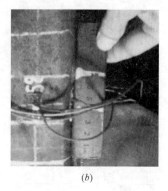

(a) (b)

图 3.3.7 试件 S-B1C2-0.3C 破坏模式

(a) 过大的梁翼缘塑性变形；(b) 方管柱轻微鼓曲

坏，但其鼓曲程度明显比试件 S-B1C2-0.3C 大。最终的破坏模式如图 3.3.8 (b) 所示。

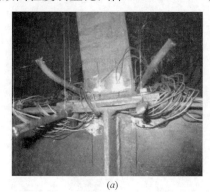

(a) (b)

图 3.3.8 试件破坏模式

(a) S-B1C0-0.3C；(b) S-B2C2-0.3C

4. 试验结果曲线

本节列出了各试件的试验结果曲线，包括：（1）柱顶荷载 P-位移 δ 曲线，其中纵坐标用水平力 P 表示，横坐标则用柱顶位移 δ 来表示；（2）柱端节点弯矩 M-节点转角 θ_j 曲线，其中纵坐标用节点真实承受的弯矩 M 来表示，算至梁翼缘与梁柱连接端板交界面处，包含了竖向轴力引起的附加弯矩，横坐标则为节点转角 θ_j，由柱侧的两个位移计测得；（3）节点弯矩 M—层间位移角 θ_t 曲线，该曲线纵坐标用节点真实承受的弯矩 M 来表示，包含了竖向轴力引起的附加弯矩，横坐标为层间位移角 θ_t，即柱顶位移 δ 与柱高 H（$H=$ 1500mm）的比值。

（1）S-B1C2 系列试件试验曲线

从图 3.3.9 可以看出，由于无轴压力产生的二阶效应，试件 S-B1C2-0C 水平承载力未像试件 S-B1C2-0.3C 一样出现水平承载力极限值。但即使对于试件 S-B1C2-0.3C，当层间位移角达到 1/50（柱顶位移 30mm）时还未达到极限值。两者均具有较好的延性。从图 3.3.10 可以看出，一定的轴压力能够有效约束梁柱轴线的相对转动，减小节点转角，从而提高节点的初始抗弯刚度。对于试件 S-B1C2-0C 而言，试验过程中梁柱连接端板与梁翼缘之间产生了较大的变形间隙，从而使得反向加载过程中存在间隙闭合过程，该过程中试件柱顶水平抗侧刚度及节点的抗弯刚度极小，之后由于间隙闭合，试件柱顶水平抗侧刚度及节点刚度再次提升。而对于试件 S-B1C2-0.3C 而言，轴压力大大减小了变形间隙，从而使得上述现象不明显。从图 3.3.11 可以看出，试件 S-B1C2-0C 和 S-B1C2-0.3C 在层

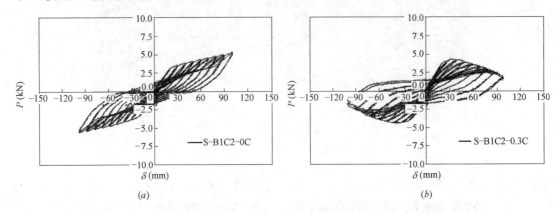

图 3.3.9 S-B1C2 系列试件柱顶荷载-位移曲线

(a) S-B1C2-0C；(b) S-B1C2-0.3C

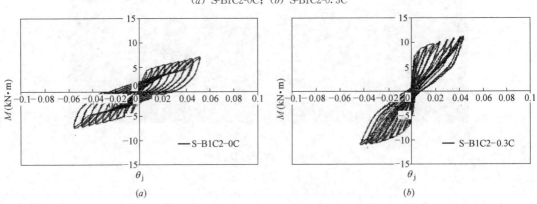

图 3.3.10 S-B1C2 系列试件节点弯矩-节点转角曲线

(a) S-B1C2-0C；(b) S-B1C2-0.3C

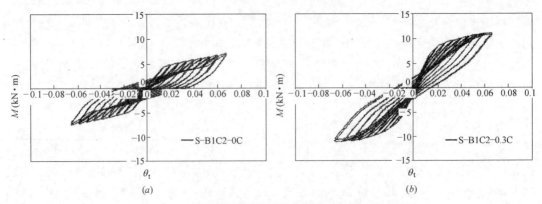

图 3.3.11 S-B1C2 系列试件节点弯矩-层间位移角曲线

(a) S-B1C2-0C；(b) S-B1C2-0.3C

间位移角超过 0.06rad 时，节点抗弯承载力均未出现下降段，延性很好。

（2）试件 S-B1C0-0.3C 试验曲线

相对于试件 S-B1C2-0.3C 而言，试件 S-B1C0-0.3C 由于节点处梁柱连接端板无加劲肋，相同柱轴压力作用下，其水平抗侧力明显减小。从图 3.3.12（a）所示可以看出，当层间位移角达到 1/50（柱顶位移 30mm）时，试件柱顶荷载-位移曲线未进入下降段，表现出了较好的延性。从图 3.3.12（b）所示也可以明显看出，试件 S-B1C0-0.3C 节点抗弯刚度和承载力也比试件 S-B1C2-0.3C 小。从图 3.3.12（c）可以看出，试件 S-B1C0-0.3C 在层间位移角超过 0.06rad 时，节点抗弯承载力也未出现下降段，延性很好。

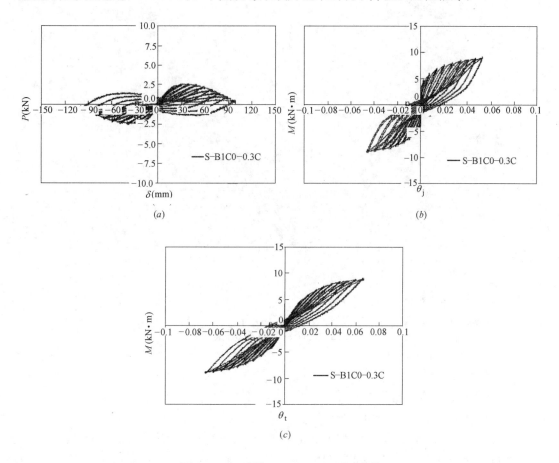

图 3.3.12　试件 S-B1C0-0.3C 试验曲线
（a）柱顶荷载—位移曲线；（b）节点弯矩—节点转角曲线；（c）节点弯矩—层间位移角曲线

（3）试件 S-B2C2-0.3C 试验曲线

试件 S-B2C2-0.3C 试验的破坏模式为柱截面破坏。从图 3.3.13（a）可以看出，对于该种破坏模式，曲线滞回环比较饱满，但其破坏又具有突然性，一旦发生柱截面鼓曲，承载力则迅速下降。但柱截面鼓曲发生时层间位移角已经达到 1/37.5（柱顶位移 40mm），可见试件的延性依然较好。从图 3.3.13（b）可以发现，由于梁翼缘有 2 道加劲肋，试件 S-B2C2-0.3C 节点转角明显小于试件 S-B1C2-0.3C，即试件 S-B2C2-0.3C 的节点抗弯刚度相对较大。从图 3.3.13 (c) 可以看出，试件 S-B2C2-0.3C 在层间位移角达到 0.047rad 时，方管柱才发生鼓曲，延性较好。

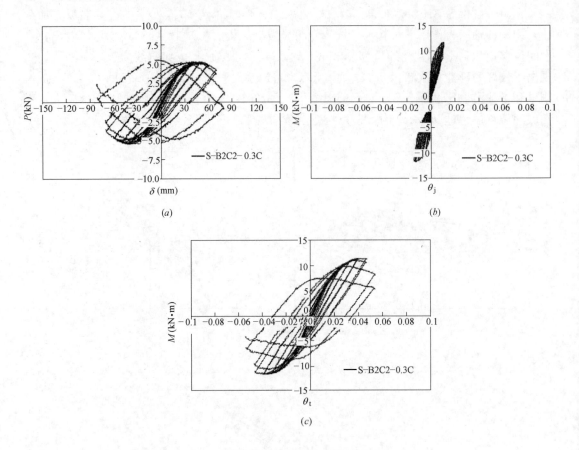

(a)　　　　　　　　　　　　　　(b)

(c)

图 3.3.13　试件 S-B2C2-0.3C 试验曲线

(a) 荷载—柱顶位移曲线；(b) 节点弯矩—节点转角曲线；(c) 节点弯矩—层间位移角曲线

5. 节点刚度和水平抗侧力分析

(1) 试件节点初始抗弯刚度分析

本节参考 Eurocode 3 规范的相关规定对节点进行刚度分析与评价。Eurocode 3 规范根据节点的初始抗弯刚度 $S_{j,ini}$ 对柱脚进行分类。对试验的各个梁柱节点而言，当节点的初始抗弯刚度 $S_{j,ini} \geqslant 48EI_c/L_c = 3703.6$kN · m/rad 时，梁柱节点可以判定为刚接节点。其中 I_c 和 L_c 分别为方管柱的截面惯性矩和长度。

试件 S-B1C2-0C、S-B1C2-0.3C、S-B1C0-0.3C、S-B2C2-0.3C 的节点初始抗弯刚度分别为 684.8kN · m/rad、2805.7kN · m/rad、1431.6kN · m/rad、4748.8kN · m/rad。仅有梁布置 2 道加劲肋的试件 S-B2C2-0.3C 可以判定为刚接节点，其余均为半刚性节点。对比试件 S-B1C2-0C 与 S-B1C2-0.3C 的初始刚度可以看出，一定的柱轴压力能够提高节点的初始抗弯刚度。对比试件 S-B1C2-0.3C 与 S-B1C0-0.3C 可以看出，柱侧布置加劲肋也能提高节点的抗弯刚度。

（2）试件水平抗侧力分析

对于未施加轴压力的试件 S-B1C2-0C 而言，整个加载过程未达到试件的水平抗侧力，只在施加一定轴压力的试验中，试件水平抗侧力出现了极值点。表 3.3.1 为施加了一定轴压力的试件的水平抗侧力及其对应的位移。从表中可以看出，试件 S-B1C2-0.3C 和 S-B2C2-0.3C 在轴压比为 0.3 的柱轴力作用下水平极限抗侧力有较大差别，主要是由于两者不同的破坏模式造成的。试件 S-B1C2-0.3C 为梁翼缘塑性变形过大破坏，极限承载力由梁翼缘控制；而试件 S-B2C2-0.3C 为方管柱鼓曲破坏，极限抗侧力由柱截面控制。

试件极限水平抗侧力及对应位移（层间位移角） 表 3.3.1

试件编号	S-B1C2-0.3C		S-B1C0-0.3C		S-B2C2-0.3C	
	正向	负向	正向	负向	正向	负向
水平抗侧力（kN）	4.86	−4.79	2.66	−2.81	5.39	−5.44
对应位移（mm）	+35	−35	+40	−40	+40	−40
层间位移角（rad）	0.023	0.023	0.027	0.027	0.027	0.027

6. 小结

（1）研制改进后的梁贯通式节点失效模式主要表现为梁翼缘发生过大塑性变形和方管柱截面鼓曲，且与节点局部构造形式和轴压力大小有密切关系，即当梁上设有 2 道加劲肋或轴压力较大时，更易发生柱截面破坏。一定的柱子轴压力可以提高节点端板和梁翼缘的抗弯刚度和承载力，但可能降低柱截面的极限抗弯承载力。

（2）梁上设置 2 道加劲肋的节点可视为刚性节点，梁上设置 1 道加劲肋的节点可视为半刚性节点。柱侧布置加劲肋能够提高节点抗弯刚度。从便于工业化建造和节省用钢量的角度出发，建议优先采用仅设置 1 道加劲肋的节点形式。

（3）研制改进后的梁贯通式节点具有一定的抗弯刚度和承载力，在往复荷载作用下表现出优良的延性，能够保证柱子在大变形条件下承担一定比例的水平地震力。

3.3.2 支撑性能研究

1. 构造研制

柔性支撑是提供该装配式轻钢框架—预应力支撑体系抗侧力的关键构件，其延性优劣直接影响结构体系的抗震性能。当前的设计目标通常允许支撑在大震下发生弹塑性变形，因此对支撑构件及其张紧部位的变形性能和承载力提出了较高要求，一般应保证构件部位在充分发展塑性变形之前不会在张紧部位发生破坏。然而，对国内传统花篮螺栓圆钢支撑的性能试验表明，塑性变形主要集中于张紧的花篮部位，且该部位的材质不具备足够的延性而易于发生断裂（见图 3.3.14）。因此需要基于国内既有工艺研制在往复大变形条件下能够可靠工作的延性支撑构造，以保证体系的抗震安全性。

基于上述背景，参照日本 JIS 标准并根据国内现有机械加工工艺水平研制的新型套筒—扁钢支撑（见图 3.3.15）构造特点如下：（1）考虑到传统分叉形花篮（铸铁材质）质量不稳定，支撑张紧部分采用机械加工成型的六棱柱套筒，材质为 S45C，螺杆采用 Q345 圆钢，端部加工为 M24 规格螺纹，确保该部位屈服承载力高于螺杆抗拉承载力设计值的 1.1 倍；此外，为避免大震时剧烈的循环荷载作用而引起的螺栓被拉出现象，螺纹设计有效长度为 35mm 以上。（2）柔性支撑构件部位采用扁钢，材质为 Q235B，扁钢截面积须小于张紧部位螺杆的最小面积，确保螺杆抗拉承载力设计值高于扁钢抗拉承载力设计值的 1.5 倍，两者之间采用角焊缝连接。新研制支撑与国内现有一般支撑以及日本 JIS 标准支撑的构造及特性比较如图 3.3.16 所示。

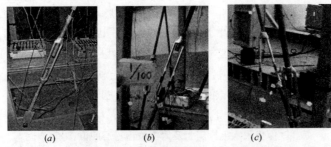

图 3.3.14　传统花篮螺栓支撑的破坏

（*a*）加载前；（*b*）被拉长；（*c*）被拉断

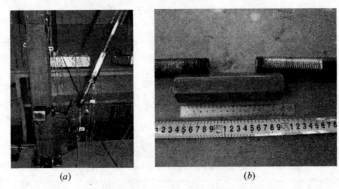

图 3.3.15　新型套筒—扁钢支撑

（*a*）支撑端；（*b*）花篮部分

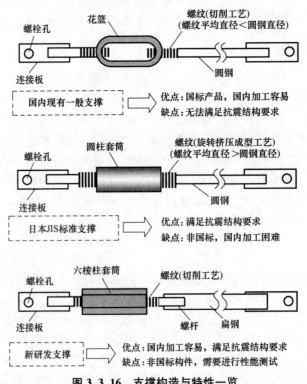

图 3.3.16　支撑构造与特性一览

2. 试验目的

为检验上述新型套筒—扁钢支撑应用于结构抗震的可行性,通过平面内拟静力加载试验来考察其承载力、滞回特性与变形能力,从而为结构设计提供依据。

3. 试验方案

(1) 试件设计

为尽可能真实考察实际支撑的受力情况,设计了 4 个足尺支撑单元试件(见表3.3.2)。试件净高 H 为 3m,每一支撑单元均由左右 2 根方钢管柱(规格 80×4)和交叉布置的 1 对新型柔性支撑组成。支撑按有效截面可分为高强型(3cm²)和标准型(2cm²),考虑到实际工程支撑布置时存在间隔布置和连续布置的可能性,支撑单元的柱端考虑了单耳板和双耳板两种形式,即针对开间模数1P(1200mm)支撑单元试件采用了柱端单耳板连接构造,对开间模数2P(2400mm)支撑单元采用了柱端双耳板连接构造,如图 3.3.17 所示。除支撑套筒和螺杆外,试件其余部位钢材均为 Q235B。

<table>
<tr><td colspan="6" align="center">试件情况</td><td align="right">表 3.3.2</td></tr>
<tr><td>试件名称</td><td>耳板形式</td><td>H(mm)</td><td>B(mm)</td><td>θ(°)</td><td colspan="2">支撑扁钢有效截面
面积(mm²)</td></tr>
<tr><td>IP 标准</td><td>单耳板</td><td>3000</td><td>1200</td><td>69.5</td><td colspan="2">40×5=200</td></tr>
<tr><td>IP 高强</td><td>单耳板</td><td>3000</td><td>1200</td><td>69.5</td><td colspan="2">50×6=300</td></tr>
<tr><td>2P 标准</td><td>双耳板</td><td>3000</td><td>2400</td><td>52.5</td><td colspan="2">40×5=200</td></tr>
<tr><td>2P 高强</td><td>双耳板</td><td>3000</td><td>2400</td><td>52.2</td><td colspan="2">50×6=300</td></tr>
</table>

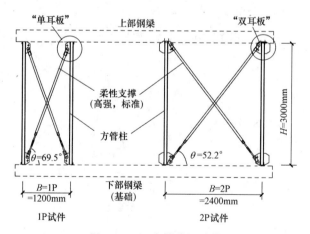

图 3.3.17 支撑单元试件

(2) 试验加载与测试

试验装置与加载方案如图 3.3.18 所示,分为 2 个加载平面,每一加载平面内可按开间模数1P 或2P 设置 1 个支撑单元。因此同一开间模数的 2 种规格支撑分别在 2 个加载平面内平行对称布置。为确保加载时的整体稳定性,2 个加载平面通过连系梁(系杆)和普通圆钢支撑在垂直方向连接成为空间立体结构。试件上部与模拟楼盖梁的加载钢梁(H300×150×4.5×6)连接,下部与模拟基础的钢梁连接。试验时采用伺服作动器通过加载钢梁对 2 个加载平面同步位移加载,以层间位移角作为控制指标,加载制度参考了日本建筑中心标准，如图 3.3.19 所示。由于是同步加载，平面外连系梁对加载平面内的试件没有直接影响，可认为其受力行为相互独立。

试验中量测的内容包括加载钢梁的水平荷载及位移、基础梁的水平和竖向位移、支撑扁钢部分和套筒部分的轴向应变、钢柱距顶底各 1/3 高度处截面的轴向应变和弯曲应变等。

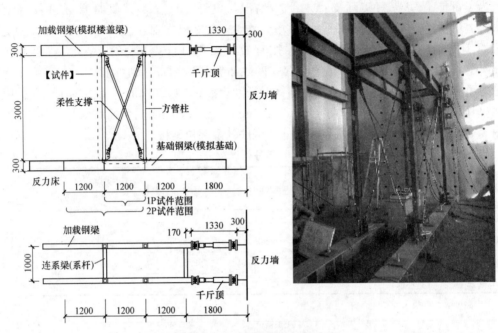

图 3.3.18 试验装置与加载方案

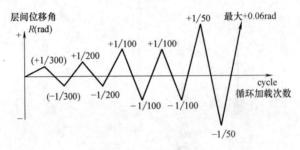

图 3.3.19 加载制度

4. 试验结果及分析

（1）材性试验结果

支撑扁钢的材性试验结果见表 3.3.3。套筒螺杆采用 Q345B 钢材，对其进行预张拉测试后确定张拉力和螺杆应变的比例关系大致为 0.105kN/$\mu\varepsilon$。根据 Q345B 钢材的名义屈服应变（1670$\mu\varepsilon$）计算，套筒螺杆的名义屈服承载力应在 175kN 以上，远大于扁钢的实际屈服承载力，满足预定设计要求。

（2）试验现象与滞回曲线

试验中试件的变形状况如图 3.3.20 所示。试件在水平荷载作用下发生剪切变形，相互交叉的 2 个柔性支撑中的一根被张紧，而另一根则受压失稳。当这种剪切变形为循环往

扁钢材性试验结果（平均值）　　　　　　　　　　　表 3.3.3

扁钢型号	屈服强度(N/mm²)	最大强度(N/mm²)	屈强比	伸长率(%)
40×5 扁钢	281.6	418.8	0.67	43.7
50×6 扁钢	286.1	428.6	0.67	44.9

复作用时，柔性支撑的张紧和失稳会交替出现。随着层间剪切变形的增加，支撑会由于残余塑性变形的累积被逐渐拉长。而对于被拉长的支撑来说，除非其受到更大的层间剪切变形并被重新张紧，否则其抗拉承载力为零。支撑的塑性伸长或失稳均集中在扁钢部分，套筒螺栓部分则没有明显的变形。试件各阶段承载力及不同变形阶段的损伤状况见表 3.3.4。

图 3.3.21 给出了各试件的支撑部分与柱部分所承担的水平荷载与层间位移角的滞回关系曲线。支撑部分承担的水平荷载由贴于花篮螺栓上的轴向应变片测值换算得出（轴向应变一直处于弹性范围），钢柱部分承担的水平荷载则通过 3 等分截面处的应变片测值换算得出。两者承担的水平荷载之和与安装在千斤顶上的荷载传感器测量值几乎一致，充分证明了测试方法的准确性。

从图中可以看出：1）支撑在完全屈服以后的强度上升空间不大，荷载—位移关系接近于理想弹塑性。这是由于柔性支撑虽然发展了塑性变形，但其扁钢部分的塑性应变测值处于 $2000\sim7000\mu\varepsilon$ 之间，尚未达到材料硬化阶段所需的应变。2）由于渐增循环往复加载造成支撑的塑性伸长，支撑部分的滞回曲线表现为滑移型，呈现出显著的"捏缩效应"。与纺锤形滞回曲线相比，该柔性支撑的耗能能力较低，主要依靠拉力来抵抗水平荷载，且对延性要求较高。3）从图中柱承受的水平荷载—位移曲线来看，当层间位移角不超过 0.01rad 时柱子可保持在弹性范围，当层间位移角超过 0.02rad 时柱端也开始发展比较显著的塑性变形。

支撑变形

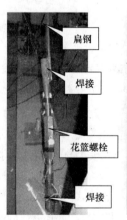
花篮变形

柱端弯曲变形

柱顶最大变形

柱底最大变形

图 3.3.20　试件各部位变形状况

（3）支撑变形能力分析

若假定支撑两端完全铰接，并按照微小几何变形原则可建立如图 3.3.22 所示的支撑计算模型。图中 B 为支撑宽度，H 为支撑高度（层高），L 为支撑初始长度，A 为支撑有效面积，θ 为支撑倾斜角，P_b 为水平荷载，δ 为层间位移，ΔL 为支撑伸长量。

试件承载力比较与不同变形阶段的损伤状况　　　　　表 3.3.4

试件	屈服承载力计算值(kN)	屈服承载力试验值(kN)	理论与试验值误差(%)	最大承载力试验值(kN)	层间位移角≤0.0025rad	层间位移角≤0.01rad	最大层间位移角0.06rad	套筒螺栓最大应变试验值(με)
1P 标准	18.5	17.9	3%	19.2	所有构件处于弹性变形阶段	扁钢屈服,扁钢受压失稳程度随变形增加逐渐加大	柱端进入屈服状态,柱端板发生变形	479
1P 高强	29.5	30.3	−3%	34.3				916
2P 标准	30.8	31.1	−1%	34.1				585
2P 高强	51.7	52.2	−1%	59.8				1254

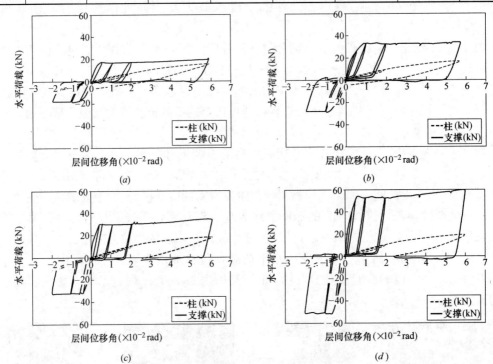

图 3.3.21　试件荷载-层间位移角滞回曲线
(a) 1P 标准试件；(b) 1P 高强试件；(c) 2P 标准试件；(d) 2P 高强试件

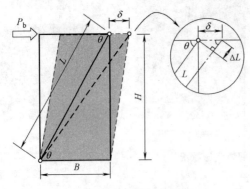

图 3.3.22　支撑计算模型

假设在水平力作用下，支撑单元仅发生水平变形，产生的层间相对位移为δ，根据计算模型即可求出支撑伸长量 ΔL 为：

$$\Delta L = \delta \cdot \cos\theta \qquad (3.3.1)$$

式（3.3.1）可经变换后得出式（3.3.2），即支撑伸长率（ΔL/L）与层间位移角（δ/H）的线性关系为：

$$\Delta L/L = (\sin\theta \cdot \cos\theta) \cdot \delta/H \qquad (3.3.2)$$

若层间位移角的目标值设定为大于 0.06rad 时，根据上式，1P 支撑的伸长率必须要达到 2% 以上，2P 支撑的伸长率必须要达到 3% 以上。而只要选用符合现行国标的 Q235B 钢材制作扁钢，很容易满足支撑达到 3% 以上伸长率的要求。这也可以从试验过程

中层间位移角达到 $0.055\sim0.060\mathrm{rad}$ 时的试验现象得到证明，即所有支撑未发生颈缩和断裂破坏，试件水平承载力保持在一定水平并未出现下降。从表 3.3.4 还可以看出，支撑套筒螺栓部分产生的最大应变仅为 $1254\mu\varepsilon$，远小于 Q345B 钢材的名义屈服应变值（$1670\mu\varepsilon$），可判定其保持在弹性范围。因此，可以认为该新型支撑具有很好的抗拉延性，满足该类结构的抗震设计要求。

（4）支撑设计承载力分析

根据图 3.3.22 计算模型，当支撑处于弹性时，水平荷载与层间位移的关系可由式（3.3.3）表示。另一方面，当支撑达到屈服时的水平荷载可由式（3.3.4）表示。

$$P_{\mathrm{b}}=EA\frac{\Delta L}{L}\cos\theta=\frac{\delta}{L}EA\cos^2\theta \tag{3.3.3}$$

$$P_{\mathrm{b}}=f_{\mathrm{y}}A\cos\theta \tag{3.3.4}$$

式中：E 为钢材弹性模量；f_{y} 为支撑扁钢屈服强度。

表 3.3.4 中的屈服承载力计算值即采用支撑扁钢的实测有效面积和屈服强度根据式（3.3.4）计算得出。屈服承载力计算值与实测值之间的误差在 3% 以内，因而可认为该计算模型和方法正确反映了实际情况，即在实际工程设计中可采用式（3.3.4）来计算支撑的水平承载力。

根据式（3.3.3）、式（3.3.4），可求得支撑达到屈服点时所对应的层间位移角：

$$\frac{\delta}{H}=\frac{f_{\mathrm{y}}}{E}\cdot\frac{1}{\sin\theta\cdot\cos\theta} \tag{3.3.5}$$

从式（3.3.5）可以看出，层间位移角与支撑面积无关，而仅由支撑倾斜角与屈服强度决定。因此当使用 Q235B 钢材时，具有相同倾斜角的标准支撑和高强支撑在达到屈服时的层间位移角是相同的。而具有不同倾斜角的 1P 支撑和 2P 支撑屈服时的层间位移角 δ/H 分别为 $1/287\mathrm{rad}$ 和 $1/425\mathrm{rad}$。换言之，若按照弹性设计原则将支撑应力控制在屈服强度以下，即可在计算上确保层间位移角满足现行抗震规范对变形的要求（$\delta/H\leqslant 1/250$）。

5. 结论

（1）基于国内既有工艺研制的新型套筒—扁钢支撑在往复大变形条件下具有优良可靠的延性，可以保证该体系的抗震安全性。

（2）由于循环往复加载造成支撑的塑性伸长，其滞回曲线表现为滑移型，呈现出显著的"捏缩效应"，耗能能力相对较低。但仍可适用于竖向荷载不大的低多层建筑。

（3）通过简单的结构计算模型即可求出支撑单元的设计承载力，进而求出整个结构的承载力。相对传统梁柱框架结构体系而言该类结构体系的计算简便可靠。

（4）支撑单元的层间位移角仅由支撑倾斜角与钢材屈服强度决定。且在支撑弹性设计原则下，结构层间位移可以满足现行抗震规范的弹性变形限值要求。

3.3.3　结构性能研究

1. 试验目的

为检验经研制改进后装配式轻钢框架—预应力支撑体系的抗震性能，本节完成了一个 2 层 4 跨足尺结构体系的拟静力加载试验。主要考察结构在水平地震作用下的抗侧力机制、破坏模式与滞回特性，以及刚度和承载力的变化规律，进而提出该类体系的抗震设计建议。

2. 试验方案

（1）设计思路

试验设计时遵循以下原则：1）保证梁、柱、支撑、楼板、屋面的材料及几何尺寸与原型结构基本一致；2）保证同一层间支撑与柱子的配比、不同层间支撑配比等指标与原型结构基本一致，即层 1 支撑与柱子数量的比值约为 2：5，层 1 支撑数量约为层 2 支撑数量的 2 倍；3）保证层 1 楼面和层 2 屋面的重力荷载代表值与原型结构基本一致；4）保证层 1 柱顶与层 2 柱顶水平侧向荷载的比例与原型结构在地震作用下第 1 阶振型的荷载比例一致（约为 1.63：1）。

（2）试件设计

试验设计了 1 个采用新型套筒-扁钢支撑的 2 层 4 跨结构体系足尺模型，并采用改进后的梁上设 1 道加劲肋的梁贯通式端板螺栓节点作为柱梁连接形式。体系布置和构件尺寸见图 3.3.23 和表 3.3.5。平面尺寸为 7.2m×3.0m，层高 3.0m。试件分轴 A 和轴 B 两个加载面，每一加载面考虑不同的开间布置和支撑设置方式。柱侧加劲肋设置时考虑了无加劲、单侧加劲和双侧加劲 3 种情况。纵向框架梁与横向框架梁的连接如图 3.3.24 所示。柱脚通过端板采用 M16 高强螺栓与锚固于试验室地槽的基础梁连接。层 1 楼面为 120mm 厚现浇钢筋混凝土楼板，层 2 屋面为 1.0mm 厚 HG-240 压型钢板。

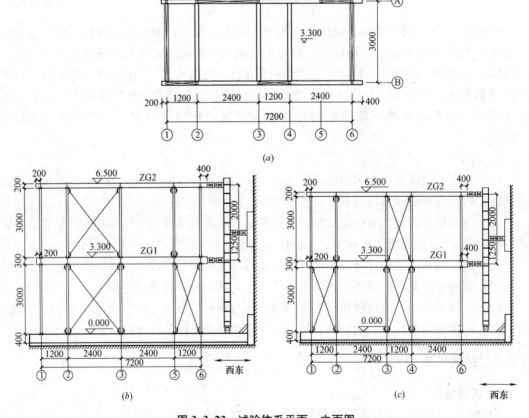

图 3.3.23 试验体系平面、立面图

（a）平面布置图；（b）轴 A 立面图；（c）轴 B 立面图

试验体系的构件截面尺寸及特性   表 3.3.5

构 件	截面尺寸	截面面积(mm^2)	截面惯性矩(mm^4)
层1梁	H300×150×4.5×6	3096	$4.79×10^7$
层2梁	H200×150×4.5×6	2646	$1.94×10^7$
柱	□80×4	1216	$1.17×10^6$
支撑	—50×4	200	267

（3）试验加载与测试

试验装置如图 3.3.25 所示。试验时首先通过在楼板和屋面堆置沙袋的方式实现实际结构体系竖向荷载的施加。然后采用固定在竖向反力墙上的 2 个水平作动器对 2 个加载面同步施加往复荷载。每个作动器的荷载均通过 1 根加载梁按照 1.63：1 的比例分配至层 1 和层 2 梁端。试验全过程采用 2 个加载面的同步位移控制加载，加载制度参考了 AISC 抗震规范的规定，具体如图 3.3.26 所示。为保证试验安全，还在结构体系下方设置了与试件完全分离的小型安全支架。

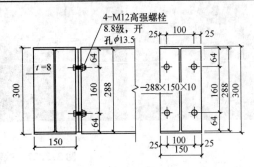

图 3.3.24　纵向梁与横向梁螺栓连接详图

试验中量测的内容包括各加载面的层间荷载与层间位移、支撑和钢柱的应力变化情况以及节点区的局部变形和应力分布等。

图 3.3.25　试验装置全貌

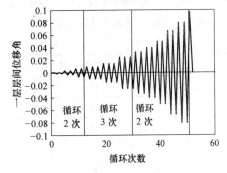

图 3.3.26　试验加载制度

3. 试验结果与分析

（1）试验现象与破坏模式

层 1 层间位移角在 1/300 以内时，所有构件（梁、柱和支撑）均处于弹性阶段，层间位移角为 1/300 时所有受压支撑面外失稳，如图 3.3.27（a）所示。层间位移角为 1/100 时，层 1 所有支撑受拉屈服。支撑受压时面外变形在 1/65 时可达 400mm。层间位移角为 1/30 时，层 1 所有柱脚截面部分屈服，所有梁柱节点处 H 型钢梁上下翼缘均发生明显面外变形，如图 3.3.27（b）所示。层间位移角为 1/25 时，层 1 的 4 处柱脚全截面屈服。层间位移角为 1/12 时，轴 A 西侧边柱和轴 B 两侧边柱柱脚端板连接焊缝开裂。至层间位移角为 1/10（加载结束）时，共计 9 处层 1 中柱柱脚全截面屈服后严重鼓曲，如图 3.3.27（c）所示，形成了塑性铰。图 3.3.27（d）给出了整体结构最后一级加载时的变形。层 2

结构在试验全过程仅发现轴 A 支撑屈服，柱端一直保持在弹性阶段。

综上所述，结构体系在往复荷载作用下的失效演进过程表现为支撑受压失稳、支撑受拉屈服、柱脚截面部分屈服、节点处梁翼缘循环面外变形、柱脚端板连接焊缝开裂和柱脚全截面屈服形成塑性铰。

(a)　　　　　　　　　(b)　　　　　　　　　(c)　　　　　　　　　(d)

图 3.3.27　试验现象与破坏模式

(a) 支撑受压失稳；(b) 梁翼缘拉起变形；(c) 柱脚鼓曲变形；(d) 整体结构变形

试验结果汇总见表 3.3.6。表中 P_y 为整体结构开始屈服时的层间水平剪力理论值，P_{y1} 和 P_{y2} 分别表示层 1 和层 2 屈服时的层间水平剪力。因支撑是主要抗侧力构件，故计算时不考虑框架提供的层间剪力，仅考虑支撑屈服时对应的层间剪力作为屈服荷载；P_p 为试验加载过程中总水平剪力达到的峰值，P_u 为试验加载至极限状态（达到千斤顶最大行程）时刻水平总剪力值；Δ_y、Δ_p 和 Δ_u 分别为与 P_y、P_p 和 P_u 对应的底层侧移；Δ_y/H，Δ_p/H 和 Δ_u/H 分别表示对应的层间位移角，其中 H 为层高。

试验结果　　　　　　　　　　　表 3.3.6

方向	层数	加载屈服点		加载峰值点		加载极限点		延性
		Δ_y/H	P_y(kN)	Δ_p/H	P_p(kN)	Δ_u/H	P_u(kN)	
正	1	1/104	129.1	1/13	183.2	1/10	15.0	>10.3
	2	1/153	82.1	1/70	72.9	1/70	66.7	
反	1	1/95	129.1	1/14	179.0	1/12	157.0	>8.0
	2	1/81	81.1	1/110	69.2	1/111	61.1	

（2）试验曲线

1）层间剪力-位移滞回曲线

试验层间剪力-位移滞回曲线如图 3.3.28 所示。横坐标分别为层 1 和层 2 的层间位移角，纵坐标为用 P_{y1} 和 P_{y2} 无量纲化的各层层间剪力。滞回曲线中部捏拢，表现出明显的滑移特性；次滞回加载的循行线与主滞回路径不同，次滞回的加载沿主滞回的卸载段曲线进行。从滞回曲线来看，该结构体系耗能能力一般。层 1 层间位移相对层 2 大很多，即层 1 相对于层 2 为薄弱层。另外结合实测数据判断，层 2 曲线的滞回耗能主要来自于轴 A 支撑塑性变形的贡献，轴 B 支撑始终未屈服。

2）层间剪力-位移骨架曲线

根据层 1 层间剪力-位移滞回曲线，提取了滞回加载的骨架曲线（见图 3.3.29）。参照试验现象的描述，在对应加载点标出了试验破坏现象。在层 1 层间位移角达到 1/300 之前，试件处于弹性阶段，荷载-位移曲线呈线性。从骨架曲线明显看出，在层 1 支撑受拉屈服之后，骨架曲线出现拐点，结构的抗侧刚度明显下降。柱脚的轻微局部屈曲和梁翼缘的拉起对整体水平承载力影响不大。但当柱脚全截面屈服和柱脚焊缝出现开裂之后，抗侧能力出现下降。至加载结束时刻（层间位移角达 1/10），水平荷载仍保持为峰值荷载的 87.7%。

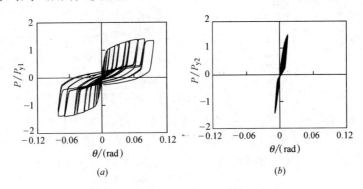

图 3.3.28　层间剪力-层间位移角关系曲线

（a）层 1；（b）层 2

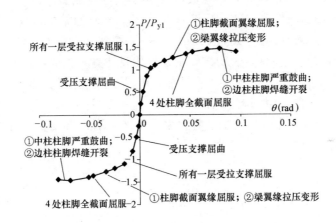

图 3.3.29　层 1 层间剪力-位移骨架曲线

（3）结构抗侧刚度分析

试件的抗侧刚度可用割线刚度来衡量，割线刚度 K_i 按下式计算：

$$K_i = \frac{|+F_i| + |-F_i|}{|+X_i| + |-X_i|} \tag{3.3.6}$$

式中：F_i 为第 i 次峰点荷载值；X_i 为第 i 次峰点位移值。

图 3.3.30 给出了试件加载过程中割线刚度变化曲线。分析可知，初期抗侧刚度为 9.45kN/mm，层间位移角为 1/50 时，抗侧刚度约为 2.5kN/mm。最后一加载级 1/10 层间位移角时，割线刚度退化至 0.43 kN/mm。加载过程中第 4、5 级开始刚度退化加快，第 4 级（层间位移角为 1/100）正好是层 1 全部支撑受拉屈服的一级。可见，支撑作为该结构体系的主要抗侧力构件，其屈服后，结构抗侧刚度将迅速下降。

本结构体系的抗侧刚度理论上由框架和支撑两部分共同提供。假设柱子两端为完全刚接，计算框架可提供的侧向刚度理论值为 1.07kN/mm；所有支撑可提供的侧向刚度为

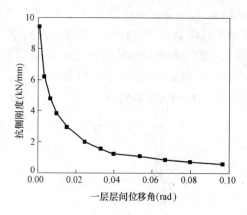

图 3.3.30　割线刚度变化曲线

9.48kN/mm。若采用简单的叠加，则结构体系的总抗侧刚度为 10.55kN/mm。考虑到实际结构中梁柱节点为半刚性，结合图 3.3.30 可以判断，试件实测初期抗侧刚度（9.45kN/mm）与结构的理论抗侧刚度十分接近。其中框架提供的抗侧刚度仅占总抗侧刚度的 10% 左右。

由此得出，对于本节研制的装配式轻钢框架—预应力支撑体系，支撑是主要抗侧力构件，设计阶段的弹性侧向刚度可近似认为由支撑提供，因此在静力设计和弹性小震设计时可假定梁柱节点铰接，即忽略柱子提供的水平抗力，认为结构底部总地震剪力完全由支撑承担，而在大震弹塑性分析时则仍需考虑梁柱节点的半刚性。

（4）延性分析与评价

定义 $\mu = \Delta_f / \Delta_y$ 为结构的位移延性系数，其中 Δ_y 为结构屈服时刻对应的位移，Δ_f 可取为当水平抗侧力降低到峰值荷载某一程度（常取 85%）时的结构位移。而本节试验至最后，水平抗侧力仅降低到峰值荷载的 90.1%。根据表 3.3.6 中试验结果，得到结构体系的延性系数大于 10.3。一方面，表明该体系延性优良；另一方面，也验证了新型套筒-扁钢支撑在实际结构中具有良好的延性工作性能，满足结构体系的抗震需求。

（5）支撑与框架的抗侧力比较分析

本体系中，框架和支撑分担的水平剪力大小随结构侧移而改变。图 3.3.31 给出了层 1 框架部分承担的水平剪力占总剪力的百分比变化。由图可以看出：1）结构在弹性阶段，框架部分承担的水平剪力约占 15%；2）结构进入塑性阶段直至层间位移角达 1/30 时，框架部分承担的水平剪力不断增加。在 1/100 层间位移角时，框架部分承担的水平剪力已增加到总水平剪力的 25% 以上。因此，经研制改进后的梁上设置 1 道加劲肋的梁贯通式节点可以保证框架部分在塑性大变形阶段分担相当比例的水平地震力，从而可作为该结构体系的第二道防线，

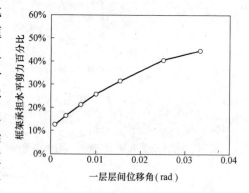

图 3.3.31　层 1 框架承担水平剪力的变化

满足我国《建筑抗震设计规范》GB 50011—2010 基于性能的抗震设计方针和"大震不倒"的第三水准要求。

4. 结论与设计建议

（1）该结构体系应用于低、多层建筑时具有优良的延性。支撑是该结构体系的主要抗侧力构件，结构弹性阶段的抗侧刚度几乎完全由支撑提供。因此，弹性小震设计时可将梁柱节点作为铰接考虑，即忽略柱子的水平抗力，而在大震弹塑性分析时仍需考虑梁柱节点的半刚性。

（2）结构体系在往复荷载作用下的失效演进过程表现为支撑受压失稳、支撑受拉屈服、柱脚截面部分屈服、节点处梁翼缘循环拉压变形、柱脚端板连接焊缝开裂和柱脚全截面屈服形成塑性铰。

（3）经研制改进后的梁上设置1道加劲肋的梁贯通式节点可以保证框架部分在塑性大变形阶段分担相当比例的水平地震力，因而可作为该结构体系的第二道防线，从而满足现行规范的抗震设计要求。

（4）新型套筒-扁钢支撑具有良好的延性工作性能，满足结构体系的抗震需求。但在支撑加工和安装过程中需注意保证质量和精度。

（5）结构体系的滞回路径表现出明显的滑移特性，耗能能力一般，抗震设计时可以考虑一定的地震作用放大系数。

3.4 设计方法

在本章前几节的研究基础上，本节提出了装配式轻钢框架—预应力支撑体系的抗震设计方法，可分为两个设计阶段，第一阶段为小震初步设计。静力设计和弹性小震设计时假定节点铰接，结构底部总地震剪力完全由支撑承担。计算模型非常简单，无须通过繁冗的结构分析即可进行设计，手算基本可完成第一阶段。第二阶段为大震作用下的弹塑性变形控制设计。第二阶段把梁柱节点按照刚接计算。研究表明，对于第3.3.3节中的试件一与试件二采用刚性连接分析的梁柱节点峰值荷载与实际非常接近（见图3.4.1），差别分别约为2.4%和2.7%。由此可见，把梁柱节点作为刚性连接进行分析，对于验算结构在大震下的受力性能和抗震性能，以及考察结构的抗侧承载力都是合适的。

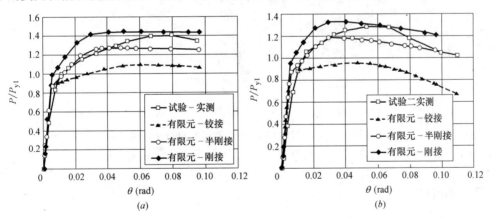

图 3.4.1 层间剪力-层间位移角关系曲线
（a）层 1；（b）层 2

装配式轻钢框架—预应力支撑结构为柔性支撑体系，具有典型支撑结构的滑移型恢复力特性，滞回耗能能力一般。若要将此结构应用于强震区域，需要对结构进行仔细地设计。为了避免地震作用下结构出现薄弱层，并充分发挥支撑的滞回耗能作用，使层间位移均匀成为装配式轻钢框架—预应力支撑结构的设计目标。研究表明为使结构在地震作用下各层位移接近一致，应最大限度地发挥各层耗能构件的作用。作者以支撑与框架最优刚度比为设计指标，给定目标层间变形，结合结构恢复力特性，将柱间柔性支撑视为结构的消能构件，将支撑的滞回耗能等效为结构的附加黏滞阻尼，并结合《建筑抗震设计规范》设 GB 50011—2010 设计地震反应谱和相关规定，提出适用于装配式轻钢框架—预应力支撑结构的基于均匀层间位移的设计方法。

3.4.1　设计目标

多层装配式轻钢框架—预应力支撑结构基于均匀层间位移设计方法的设计目标如下：

(1) 所有楼层的支撑在 Pushover 分析中同时屈服；

(2) 弹塑性时程分析中，发生支撑屈服时，层间位移均匀分布，即各层层间位移相等；

(3) 弹塑性时程分析中，各层达到的最大层间位移相等，并接近目标层间位移。

在上述三个目标设计方法中，设计目标（1）更容易达到，只要各层支撑尺寸的比例按假定 Pushover 荷载分布进行确定。而设计目标（2）原则上需要地震惯性力与 Pushover 荷载分布假定一致才能实现。对于低多层装配式轻钢框架—预应力支撑结构，当支撑布置合理，一阶振型参与质量系数足够大可忽略高阶振型的影响，因而各层支撑接近同时屈服是有可能实现的。如果达到上述设计目标，地震作用下，各层地震力的分布如图 3.4.2（a）所示，各层位移沿高度线性增长，而各层层间位移均一致。而在 Pushover 分析下，如果达到设计目标，则各层的屈服位移均相同，如图 3.4.2（b）所示。

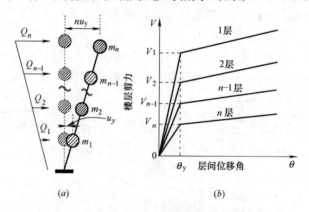

图 3.4.2　结构目标层间变形和 Pushover 曲线

(a) 目标层间变形；(b) 各层 Pushover 曲线

3.4.2　刚度比

由于柔性支撑在受压时退出工作，因此支撑的抗侧移刚度只需考虑单根支撑的作用，如图 3.4.3 所示，因此支撑的屈服承载力 V_{by} 和抗侧移刚度 k_b 可表示为：

$$V_{by} = \frac{a}{c} A_b f_{yb} \tag{3.4.1}$$

$$k_b = \frac{E A_b \sin\theta \cos^2\theta}{h} \tag{3.4.2}$$

其中，A_b 为支撑截面面积，f_{yb} 为支撑钢材屈服强度，E 为钢材弹性模量，其余符号含义见图 3.4.3。

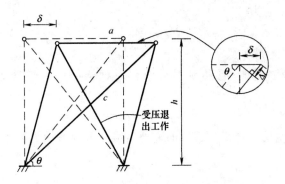

图 3.4.3 只拉不压中心支撑计算模型简图

3.4.3 框架抗侧刚度

当框架梁柱线刚度比大于 3 时，节点转角可以忽略，按反弯点计算框架的抗侧移刚度：

$$k_f = \frac{12EI_c}{h^3} \tag{3.4.3}$$

其中，I_c 为柱截面惯性矩。

而当梁柱刚度比不是很大时，可按武藤清提出的 D 值法，引入修正系数 α 进行修正：

$$k_f = \alpha \frac{12EI_c}{h^3} \tag{3.4.4}$$

其中修正系数 α 按表 3.4.1 取值。

	D 值法刚度修正系数		表 3.4.1
楼层	示意图	梁柱刚度比 K	修正系数 α
非底层		$K = \dfrac{i_1 + i_2 + i_3 + i_4}{2i_c}$	$\alpha = \dfrac{K}{2+K}$
底层		$K = \dfrac{i_1 + i_2}{i_c}$	$\alpha = \dfrac{0.5+K}{2+K}$

支撑与框架的名义抗侧刚度比 λ（以下简称刚度比）按式（3.4.5）计算：

$$\lambda = \frac{k_b}{k_f} \tag{3.4.5}$$

3.4.4 屈服位移和延性系数

在弹性阶段，装配式轻钢框架—预应力支撑结构的梁柱节点可视为铰接，各层的屈服位移 u_v 为：

$$u_v = \frac{h \cdot f_{yb}}{E\sin\theta\cos\theta} \tag{3.4.6}$$

各层的屈服剪力 $F_{v,i}$ 为：

$$F_{v,i} = k_{b,i} u_v \tag{3.4.7}$$

其中，$k_{b,i}$ 为各层支撑抗侧刚度。

假定各层延性位移相同，且达到目标位移时框架保持为弹性，则各层的延性系数 μ 则为：

$$\mu = u_T / u_v \tag{3.4.8}$$

其中，u_T 为各层目标位移，考虑到设计时需要有一定的安全储备，建议取值为

$$u_T = 1/80h \tag{3.4.9}$$

3.4.5　附加等效阻尼比

将钢框架视为主结构，支撑视为消能构件，除支撑外的钢框架主结构的设计目标为大震作用下保持弹性。因此，将支撑的滞回耗能作用等效为结构的黏滞阻尼，进而对罕遇地震阻尼比为 5% 时的规范弹性反应谱进行折减，得到罕遇地震作用下的基底剪力。

等效黏滞阻尼取值原则是使等价弹性体系和弹塑性体系的能量损耗相等。基于该准则，Chopra 等提出附加等效黏滞阻尼比为：

$$\zeta_{eq} = E_D / (4\pi E_S) \tag{3.4.10}$$

式中，E_D 为体系在目标位移 u_T 下往复循环 1 周所消耗的能量，对应于滞回曲线的面积；E_S 为结构对应于最大位移，即目标位移 u_T 的应变能。

对于装配式轻钢框架—预应力支撑结构，滞回曲线表现为滑移型，呈现出显著的"捏缩效应"，可用图 3.4.4 所示的方法确定结构各层在目标层间位移下循环 1 周所消耗的能量，其表达式为：

$$E_{D,i} = F_{v,i} u_v (\mu - 1)\left(1 - \frac{1}{\lambda}\right)\frac{\mu + 2\lambda - 1}{\lambda} \tag{3.4.11}$$

其中，下标 i 代表对应的楼层。

E_S 为结构恢复力模型最大位移点与原点连线向横坐标投影得到的三角形面积，由图 3.4.4 阴影面积确定，即：

$$E_{S,i} = \frac{1}{2} F_{v,i} u_v \mu \frac{\mu - 1 + \lambda}{\lambda} \tag{3.4.12}$$

结构附加等效阻尼比 ζ_{eq} 为：

$$\zeta_{eq} = \sum_{i=1}^{n} E_{D,i} / 4\pi \sum_{i=1}^{n} E_{S,i} \tag{3.4.13}$$

3.4.6　试算支撑截面积

根据设计目标（1），Pushover 分析中各层需同时屈服。各层屈服位移可预先确定，屈服剪力则与支撑面积正相关。因此，只要各层支撑面积的比例与 Pushover 作用下各层剪力大小比例一致，即可满足各层支撑同时屈服的设计目标。

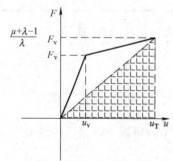

图 3.4.4　结构附加等效黏滞
阻尼比计算简图

本节中各层水平荷载分布按式（3.4.14）确定，此分布模式与结构的基本自振周期 T_1 相关。

$$V_i = \frac{w_i h_i^{\alpha}}{\sum\limits_{i=1}^{n} w_i h_i^{\alpha}} V_{Ek} \quad \begin{bmatrix} T_1 \leqslant 1s & \alpha = 1.0 \\ 1s < T_1 \leqslant 2s & \alpha = 1.5 \\ T_1 > 2s & \alpha = 2.0 \end{bmatrix} \quad (3.4.14)$$

式中，V_{EK} 为罕遇地震下基底剪力标准值，w_i 为第 i 层的重力荷载代表值，h_i 为每层计算高度，α 为系数。值得注意的是，在 Pushover 作用下结构位移呈倒三角分布仅在 $\alpha = 1.0$，即基本自振周期 $T_1 \leqslant 1s$ 时成立。

根据初选顶层支撑与框架刚度 $\lambda_n = 4 \sim 6$，由顶层框架刚度就能确定顶层的屈服剪力 $F_{v,n}$，进而确定顶层支撑需求面积 $A_{T,n}$：

$$F_{v,n} = \lambda_n k_{f,n} u_v \tag{3.4.15}$$

$$A_{T,n} = \frac{\lambda_n k_{f,n} h}{E \sin\theta \cos^2\theta} \tag{3.4.16}$$

其余各层支撑的面积则按各层屈服剪力确定，其表达式为：

$$[A_{T,i}]^T = A_{T,n} \left[\frac{\sum\limits_{k=i}^{n} F_{v,k}}{F_{v,n}} \right] \tag{3.4.17}$$

其余各层屈服剪力按式（3.4.14）根据 $F_{v,n}$ 确定。

3.4.7 修正支撑截面积

初选试算支撑截面面积时，顶层支撑与框架刚度比 n 为任意初选值，不一定是满足设计要求的最优值，因此需要对支撑截面面积进行修正。

结构等效阻尼比 ζ 为：

$$\zeta = \zeta_0 + \zeta_{eq} \tag{3.4.18}$$

式中，ζ_0 为结构固有阻尼比，对于钢结构取 0.05。

根据《建筑结构荷载规范》GB 50009—2012 附录 F，钢结构的基本自振周期，可以按照经验公式估计，$T_1 = (0.1 \sim 0.15)n$，n 为建筑物层数。对于装配式轻钢框架—预应力支撑结构，可偏安全的取基本自振周期为 $0.1n$。

根据结构总阻尼比 ζ、基本自振周期 T_1 等设计参数，对《建筑抗震设计规范》GB 50011—2010 中设计地震反应谱进行折减，得到地震影响系数 α_1，则结构的总水平地震作用标准值为：

$$V_{Ek} = \alpha_1 G_{eq} \tag{3.4.19}$$

式中，G_{eq} 为结构的等效总重力荷载，对于多自由度体系，取总重力荷载代表值的 0.85 倍。按式（3.4.19）对总水平地震作用进行分配，得到第 i 层水平荷载 V_i，则结构第 i 层支撑承受的水平地震作用标准值为：

$$V_{b,i} = V_i - k_{f,i} u_v \tag{3.4.20}$$

式中，$k_{f,i}$ 为各层框架抗侧刚度。取地震作用分项系数 1.3，结构第 i 层支撑承受的水平地震作用设计值为：

$$F_{b,i} = 1.3V_{b,i} \tag{3.4.21}$$

考虑抗震调整系数 γ_{RE}，修正支撑截面积为：

$$A_{A,i} = \gamma_{RE}F_{b,i}/f\cos\theta \tag{3.4.22}$$

式中，f 为支撑钢材的强度设计值，θ 为支撑与水平面的夹角。

3.4.8　容差检查及设计流程

设计时初选顶层支撑与框架刚度比 $\lambda_n^{(1)} = 4 \sim 6$，检查各层支撑试算截面积与修正截面积的差值，当两者差值均满足一定的容差限值 Δ_T，即：

$$\frac{|A_{T,i} - A_{A,i}|}{(A_{T,i} + A_{A,i})/2} \leqslant \Delta_T \tag{3.4.23}$$

容差限值 Δ_T 可取 $10\% \sim 15\%$，则支撑截面设计完成；如果各层支撑试算面积均小于修正面积，则增大顶层刚度比值，即选取 $\lambda_n^{(1)}$ 到 6 中的某一数值，反之则减小顶层刚度比值。重复上述过程，直至各层试算面积和修正面积相对差值均满足容差限值要求。

具体设计流程如图 3.4.5 所示。

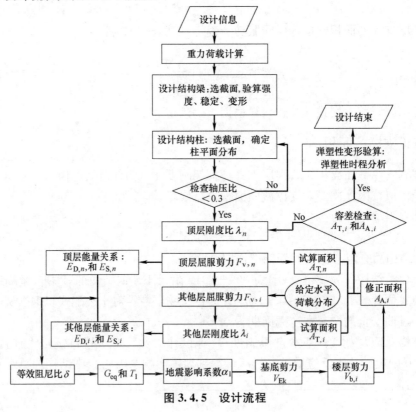

图 3.4.5　设计流程

3.5　设计示例

3.5.1　设计算例

根据本章的设计方法，给出一个五跨 6 层（见图 3.5.1）的装配式轻钢框架—预应力支撑结构中支撑布置计算的算例：层高为 3m，柱距为 2.4m，1～3层柱截面采用方钢管 120mm×8mm，4～6 层柱截面采用方钢管 100mm×6mm，梁截面采用热轧 H 型钢 300mm×150mm ×4.5mm×6mm，梁、柱、支撑均采用 Q345 钢。抗震设防烈度为 8 度（0.2g），罕遇地震的水平地震影响系数最大值 $\alpha_{max}=0.90$；设计地震分组为第二组，Ⅱ类建筑场地，特征周期 T_g 为 0.4s。

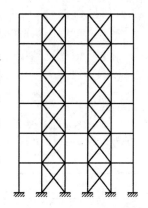

图 3.5.1 设计平面钢框架

首先由式（3.4.6）得到支撑进入屈服时的层位移 $u_v=10.3mm$，目标位移按式（3.4.9）确定为 $u_T=h/80=37.5mm$，得到层间延性比 $\mu=u_T/u_v=3.64$。

顶层刚度比 $\lambda_6^{(1)}$ 初选为 5.0，按照图 3.4.5 的计算流程可自上而下得到每层支撑的第一次试算面积（见表 3.5.1）。

各层支撑面积的第一次试算   表 3.5.1

楼 层	6	5	4	3	2	1
试算刚度比	5.0	8.2	11.5	5.7	6.4	6.8
框架刚度 k_f(N/mm)	1832.5	1832.5	1832.5	4137.1	4137.1	4137.1
支撑刚度 k_b(N/mm)	9162.5	16798.0	22906.3	27554.5	30653.2	32202.6
层屈服剪力 F_v(N)	9.44×10^4	1.73×10^5	2.36×10^5	2.84×10^5	3.16×10^5	3.32×10^5
支撑面积 A_i(mm²)	437.9	715.4	1007.4	1119.4	1267.5	1341.6
滞回耗能 $E_{D,i}$(N·mm)	6.49×10^6	1.09×10^7	1.43×10^7	1.90×10^7	2.07×10^7	2.16×10^7
应变能 $E_{s,i}$(N·mm)	2.70×10^6	4.18×10^6	5.36×10^6	7.43×10^6	8.03×10^6	8.33×10^6

由式（3.4.13）计算等效黏滞阻尼比 $\zeta_{eq}=\sum E_D/\sum 4\pi E_s=0.206$，结构总阻尼比取 $\zeta=\zeta_{eq}+0.05=0.256$，根据估算基本自振周期 $T_1=0.06s$、总阻尼比、水平地震影响系数最大值 α_{max} 以及场地特征周期 T_g，查《建筑抗震设计规范》GB 50011—2010 图 4.1.5 可得到地震影响系数 $\alpha_1=0.378$，从而得到结构基底剪力标准值 $V_{Ek}=\alpha_1 G_{eq}=2.89\times10^5N$。

将底部剪力按式（3.4.14）分配到各楼层，并考虑 1.3 的荷载分项系数，得到各层的地震荷载即各层支撑的需求面积（见表 3.5.2）。

各层支撑面积的第一次计算修正   表 3.5.2

楼 层	6	5	4	3	2	1
层地震荷载 V_i(N)	8.20×10^4	6.84×10^4	5.47×10^4	4.16×10^4	2.77×10^4	1.39×10^4
层设计剪力 F_i(N)	1.07×10^5	1.96×10^5	2.67×10^5	3.21×10^5	3.57×10^5	3.75×10^5
支撑面积 $\overline{A}_i$(mm²)	310.0	568.3	775.0	932.2	1037.1	1089.5
支撑面积 A_i(mm²)	437.9	715.4	1007.4	1119.4	1267.5	1341.6
相对差值(%)	34.2	22.9	26.0	18.3	20.0	20.7

表 3.5.2 中试算面积 A_i 均大于需求面积 $\overline{A}_i$，抗震能力大于抗震需求，顶层刚度比初选值 $\lambda_6^{(1)}=5.0$ 偏大，调整顶层刚度比 $\lambda_6^{(2)}=4.0$ 重新计算，再次得到地震影响系数 $\alpha_1=0.380$ 和结构基底剪力标准值 $V_{Ek}=\alpha_1 G_{eq}=2.90\times10^5N$。第二次试算和计算修正见表

3.5.3 和表 3.5.4。

　　支撑的试算面积与需求面积相对差值基本在 15% 以内，还可以进一步调整顶层刚度比得到更好的计算结果。试算过程可通过 Excel 直接实现，只需要调整顶层刚度比，就可得到各层支撑试算面积与需求面积的容差，能迅速得到最合适的顶层刚度比，从而得到各层支撑的面积。值得注意的是，装配式轻钢框架—预应力支撑结构设计时需考虑到模数化要求，支撑类型尽量统一，各层支撑截面积应取单根支撑截面的倍数。本节仅为说明该设计方法，因此各层支撑并没有按模数化要求布置。

各层支撑面积的第二次试算　　　　　　　　　表 3.5.3

楼　层	6	5	4	3	2	1
试算刚度比	4.0	6.3	9.0	4.3	4.9	5.2
框架刚度 k_f(N/mm)	1832.5	1832.5	1832.5	4137.1	4137.1	4137.1
支撑刚度 k_b(N/mm)	7330.0	13438.4	18325.1	22043.6	24522.6	25762.1
层屈服剪力 F_v(N)	7.55×10^4	1.38×10^5	1.89×10^5	2.27×10^5	2.53×10^5	2.65×10^5
支撑面积 A_i(mm²)	350.3	554.8	788.4	855.9	974.4	1033.7
滞回耗能 $E_{D,i}$(N·mm)	5.46×10^6	9.10×10^6	1.18×10^7	1.61×10^7	1.74×10^7	1.81×10^7
应变能 $E_{s,i}$(N·mm)	2.35×10^6	3.53×10^6	4.47×10^6	6.37×10^6	6.85×10^6	7.09×10^6

各层支撑面积的第二次计算修正　　　　　　　表 3.5.4

楼　层	6	5	4	3	2	1
层地震荷载 V_i(N)	8.24×10^4	6.86×10^4	5.49×10^4	4.18×10^4	2.79×10^4	1.39×10^4
层设计剪力 F_i(N)	1.07×10^5	1.96×10^5	2.68×10^5	3.22×10^5	3.58×10^5	3.76×10^5
支撑面积 $\overline{A_i}$(mm²)	311.0	570.2	777.6	935.4	1040.6	1093.2
支撑面积 A_i(mm²)	350.3	554.8	788.4	855.9	974.4	1033.7
相对差值(%)	11.8	2.75	1.37	8.87	6.57	5.60

3.5.2　验证模型建立

　　为校验本章中提出的基于均匀层间位移设计方法（简称方法 A）的合理性，分别采用等面积（方法 B）和等刚度比（方法 C）的支撑布置方法计算支撑截面，其中等面积法是指各层支撑面积保持一致，而等刚度法则指各层支撑与梁柱框架刚度比保持一致。同时，应控制三种方法设计的支撑总面积保持一致，即经济性相同。

　　对图 3.5.2 (a) 中的 5 跨 6 层平面钢框架（以下简称 6 层框架）和图 3.5.2 (b) 中的 7 跨 4 层的平面钢框架（以下简称 4 层框架）进行设计。模型所有设计资料均与 3.5.1 节相同，梁、柱截面规格见表 3.5.5，三种方法支撑截面布置见表 3.5.6。采用倒三角荷载分布模式进行 Pushover 分析，采用调幅至 400cm/s² 的 EL-Centro 波进行罕遇地震作用下的弹塑性时程分析。

模型梁、柱截面规格　　　　　　　　　　　　表 3.5.5

楼　层	6 层框架		楼　层	4 层框架	
	柱	梁		柱	梁
1～3	□120×8	HN300×150×4.5×6	1～3	□120×8	HN300×150×4.5×6
4～6	□100×6	HN300×150×4.5×6	4	□100×6	HN300×150×4.5×6

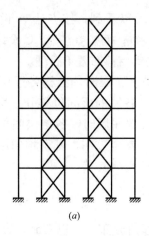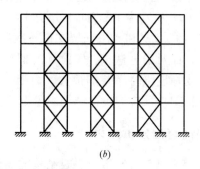

图 3.5.2　设计平面钢框架

(*a*) 6 层框架；(*b*) 4 层框架

支撑截面积 *A*（单位：mm²）　　　　　　　　　表 3.5.6

楼层	6 层框架			4 层框架		
	方法 A	方法 B	方法 C	方法 A	方法 B	方法 C
6	180	410	250	—	—	—
5	300	410	250	—	—	—
4	415	410	250	170	323	167
3	475	410	570	290	323	374
2	530	410	570	390	323	374
1	560	410	570	440	323	374

3.5.3　Pushover 分析结果

对结构进行静力推覆直至结构最大层间位移角达到 1/20。提取各层 Pushover 曲线的屈服点，得到各层屈服层间位移如图 3.5.3（*a*）所示，若没有屈服，则不在图中表示，

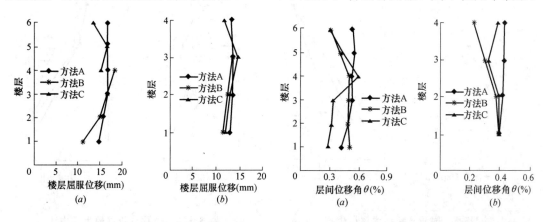

图 3.5.3　Pushover 分析结构屈服层间位移　　**图 3.5.4　Pushover 支撑首次屈服时的层间位移角**

(*a*) 6 层框架；(*b*) 4 层框架　　　　　　　(*a*) 6 层框架；(*b*) 4 层框架

如图 3.5.3（b）中的方法 B 楼层 5～6 没有屈服。可以看到，按方法 A 设计的框架在 Pushover 分析中各层均屈服，且屈服层间位移基本一致；而按方法 B、C 设计的框架屈服层间位移则不一致，且有楼层始终未进入屈服，说明其支撑布置不合理。

　　图 3.5.4（a）所示为 Pushover 分析中，支撑首次屈服时，结构各层层间位移角分布。方法 A 设计的 6 层和 4 层框架支撑首次屈服时，各层的层间位移分布均匀，即各层支撑同时屈服；而对于方法 B、C 设计的框架支撑首次屈服时，各层层间位移明显不一致，说明各层支撑屈服时序差别很大。由图 3.5.4（b）也表明，基于均匀层间位移设计的装配式轻钢框架—预应力支撑结构满足设计目标（1）的要求。

3.5.4　弹塑性时程分析结果

　　图 3.5.5 为支撑首次发生屈服时结构的层间位移角分布。可以看到，方法 A 设计的框架最初出现支撑屈服时，层间位移分布均匀，即各层支撑几乎同时屈服；而对于方法 B、C 设计的框架在支撑发生屈服时，各层层间位移差距很大，说明基于均匀层间位移设计的装配式轻钢框架—预应力支撑结构满足设计目标（2）的要求。图 3.5.6 和图 3.5.7

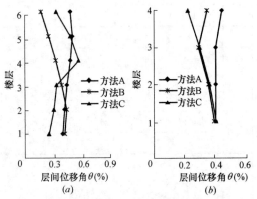

图 3.5.5　时程分析支撑首次屈服时层间位移角

（a）6 层框架；（b）4 层框架

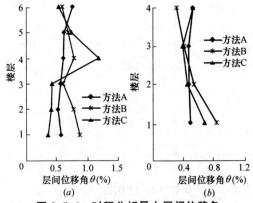

图 3.5.6　时程分析最大层间位移角

（a）6 层框架；（b）4 层框架

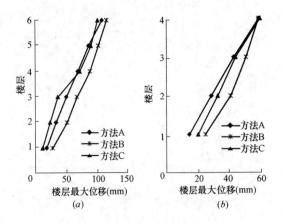

图 3.5.7　时程分析最大楼层位移

（a）6 层框架；（b）4 层框架

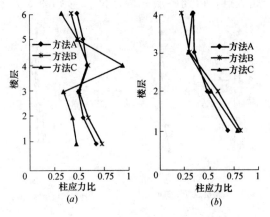

图 3.5.8　时程分析柱最大应力比

（a）6 层框架；（b）4 层框架

分别为弹塑性时程分析中各层最大层间位移角和最大位移分布。可以看出方法 A 设计的框架各层最大位移呈线性分布，且各层最大层间位移角分布一致；方法 B、C 设计的框架各层最大位移分布不均匀，最大层间位移角分布明显不一致。图 3.5.6 和图 3.5.7 也说明，基于均匀层间位移设计的装配式轻钢框架—预应力支撑结构满足设计目标（3）的要求。

图 3.5.8 所示为弹塑性时程分析中各层柱最大应力比（最大应力和屈服强度的比例）。从图中可以看出各模型框架柱最大应力比均小于 1，即框架在罕遇地震作用下仍处于弹性阶段。同时方法 A 设计的框架柱应力比分布较为均匀，且最大应力比小于方法 B、C 设计的框架柱。说明基于均匀层间位移的设计方法能保证各层框架柱应力发展程度较为一致，即说明各层支撑和框架刚度匹配较为合理。

3.5.5　小结

（1）基于均匀层间位移简化方法设计的装配式轻钢框架—预应力支撑结构，所有楼层的支撑在 Pushover 分析中基本同时屈服；而弹塑性时程分析中，支撑首次屈服时的各层层间位移接近相等，且各层最大层间位移基本一致，各层柱应力的发展也比较一致。

（2）相比普通等面积和等刚度比的支撑设计方法，结构基于均匀层间位移的设计方法能更好地实现罕遇地震作用下各层位移响应一致的设计目标。

3.6　工程应用案例

本小节以一幢 3 层预制全装配式结构房屋为切入点，对其主体结构、围护体系和连接节点等关键点进行了设计分析。该项目主体采用装配式轻钢框架—预应力支撑结构体系，墙板采用带内嵌钢柱外墙板，工程中除楼板叠合层，梁柱、外墙、楼梯等部件全部在工厂预制完成，预制部分高达 95％以上，现场无须搭设脚手架，施工工期短，为装配式结构住宅体系的工程应用提供了有效的参考范例。

3.6.1　工程概况

该工程是一座 3 层装配式轻钢框架—预应力支撑结构民居。工程房屋东西向长度为 13.2m，南北向长度为 10.5m，建筑面积 385.4m²，建筑总高度 10.56m，层高 2.85m。建筑设计年限为 50 年，耐火等级为二级，抗震设防烈度为 7 度，地面粗糙度为 B 类。工程建筑平面及立面图如图 3.6.1 及图 3.6.2 所示。

3.6.2　主体结构设计

工程主体结构为装配式轻钢框架—预应力支撑结构体系，主要由框架结构承担竖向力，柱间交叉柔性支撑抵抗水平力，梁、柱结构平、立面布置如图 3.6.3 及图 3.6.4 所示。

基础采用预制钢筋混凝土独立基础，框架柱采用方钢管柱，钢梁采用焊接 H 形，材料均为 Q235B。框架结构梁贯通、柱分层，即在梁柱节点处保持梁通长、柱分层，通过端板螺栓实现梁与柱、梁与梁以及柱与基础的全螺栓连接。外墙采用带内嵌钢柱及支撑的预制陶粒混凝土复合墙板，墙板厚度 210mm；楼板与屋面板采用波纹钢腹板预应力混凝土叠合板；楼梯采用预制楼梯。

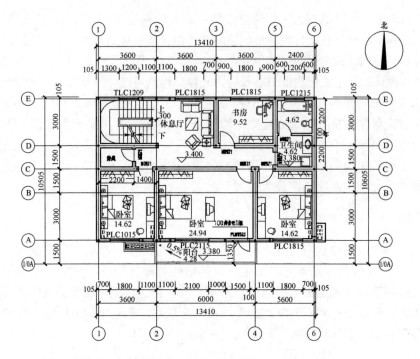

图 3.6.1 工程标准层平面布置图

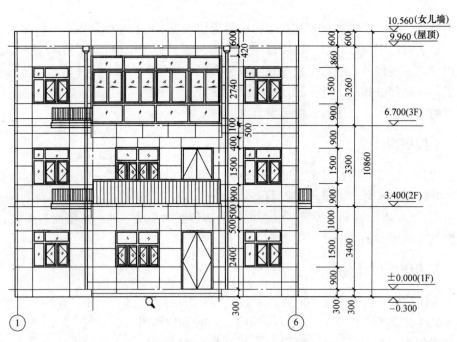

图 3.6.2 示范工程立面图

本工程应用 Etabs 有限元软件进行结构分析，其中梁柱节点采用铰接的形式。

经验算，在风荷载与地震标准值作用下，结构的最大层间位移角为 1/862，满足规范 1/500 的限值要求；在多遇地震作用下的变形时，结构的最大层间位移为 1/564，满足规

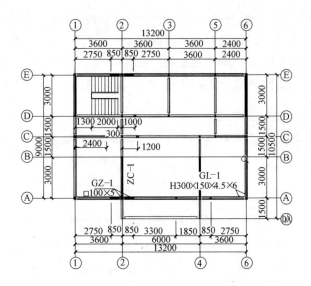

图 3.6.3 示范工程梁、柱结构平面布置图

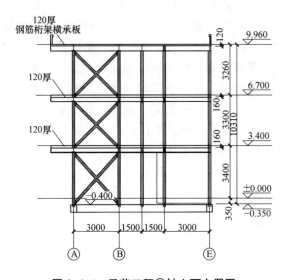

图 3.6.4 示范工程②轴立面布置图

范 1/250 的限值要求；各荷载工况组合下，各荷载工况组合下轴力最大值为 292.4kN，小于该方管柱的轴心受压承载力 343kN，梁最大压弯比为 0.594，梁柱强度及稳定性均符合要求。在荷载组合下，最大层间剪力 X 向为 150.72kN，Y 向为 179.75kN，小于水平支撑提供的 X 向承载力 230.02kN 及 Y 向承载力 400.36kN，满足设计要求。

3.6.3 墙板设计

1. 墙板结构

如图 3.6.5 所示，工程采用 210mm 厚三明治陶粒混凝土复合墙板，内外两侧为 50mm 厚 LC30 陶粒混凝土面板，中间为 110mm 厚聚苯乙烯泡沫板（EPS 板）层。两侧混凝土层配有钢筋网片，由斜钢筋贯穿泡沫板层焊接形成空间桁架，使内外叶墙板协同受力，为完全组合墙板。陶粒混凝土密度小，重量轻，相较于传统混凝土墙板，该墙板自重减轻了 30%，其强度与重度的比值约为普通混凝土墙板的 1.14 倍；陶粒混凝土导热系数一般为 0.2～0.7W/(m·K)，仅为普通混凝土的 0.5 倍，增强了墙板的保温性能，减少了热损失，耐火时间为普通混凝土墙板的 1.5 倍，节能效果达 65% 以上。

图 3.6.5　带内嵌钢柱的复合墙板构造图

部分墙板保温层内嵌有钢柱，钢柱与混凝土层间填充有 5mm 厚柔性材料，保证了钢柱在受力后不会将力传递给墙板，并允许钢柱与墙板之间发生一定的面内及面外位移。此外，部分柱间连接有柔性抗拉支撑，承载水平荷载。如图 3.6.6 所示，支撑内嵌于墙板保温层内，墙板内侧支撑张紧装置所在部位预留有椭圆形孔洞。如图 3.6.7 所示，支撑一端设有套筒螺栓作为张紧装置，可以通过调节套筒螺栓确保支撑的承载力和延性，两端均通过承压型高强螺栓与柱子上的耳板连接。在安装前，支撑保持松弛状态；待钢柱安装就位后，通过调节套筒螺栓使支撑张紧，并在相应位置填充保温防水材料后用水泥砂浆抹面。钢柱及支撑内嵌的形式避免了钢柱及支撑外露，能有效地防火隔热，降低冷热桥。该内嵌结构减少了支撑占用的空间，提高了钢框架—支撑体系的空间利用率，美观程度高，装修方便。该复合墙板整体性好，安装方便，形式美观，具有良好的抗拉压、抗剪、抗冲击性能，是一种具有良好保温隔热效果的墙体。

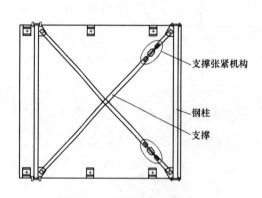

图 3.6.6　带内嵌支撑的墙板

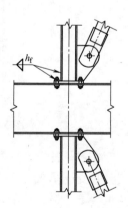

图 3.6.7　节点连接图

2. 外墙板与钢梁连接节点设计

复合墙板与钢梁的连接如图 3.6.8 所示，该节点采用倒 L 形连接件连接，倒 L 形连接件的一边与钢梁的翼缘采用焊接连接，另一边与预制装配式复合墙板通过预埋的内丝套筒螺栓连接。倒 L 形连接件与墙板连接处预留有椭圆形螺栓孔，在容许一定安装误差的同时，可使墙板发生一定的平面内位移，减轻了框架层间位移对墙板的震害。此外，预制装配式复合墙板在连接部位预留有凹槽，倒 L 形连接件与凹槽相贴合，外表面与墙板齐平，连接区外形更加平整，提高了外形美观度。

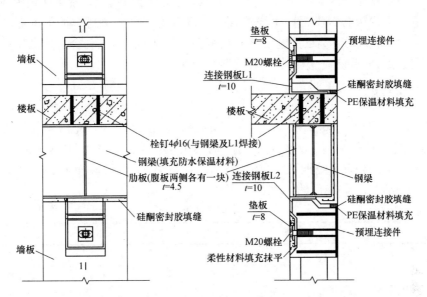

图 3.6.8 墙板钢梁连接节点

该倒 L 形连接节点安装简单、精度高，施工方便，能承受较大的作用应力，同时提高了安装效率，减少了建筑耗材。

3.6.4 楼板设计

该工程楼板采用波纹钢腹板预应力混凝土叠合板，如图 3.6.9 所示。波纹钢具有平面外刚度大、抗屈曲承载能力高及抗剪能力强等优点，以波纹钢为腹板，替代传统 PK 板中带孔 T 形肋，有效提高了该叠合板的承载能力。该预应力混凝土叠合板开裂荷载大于 6kN/m²，极限承载力为 8~18kN/m²，跨中挠度为 7.75mm，与相同板跨的钢丝桁架楼板相比，其承载力提高了 3.3 倍。

图 3.6.9 波纹钢腹板预应力混凝土叠合板

制备该叠合板所需模具简单、材耗小，相较于钢筋桁架楼承板，其支撑跨度提高至 4.2m，是钢筋桁架楼承板的 2.3 倍，减少了材耗；相较于传统 PK 板，其模具损耗减少约90%，人工降低约80%，节约成本约10%。

此外，波纹钢腹板预应力混凝土叠合板可根据线缆布置情况，现场在钢腹板开孔或工厂预制开孔，而底板与钢腹板一次浇注成型，没有施工缝，预制板重量也更轻，解决了PK板T形肋与底板易剥离的问题。该波纹钢腹板预应力混凝土叠合板成品质量高，生产成本低，是普通预制混凝土叠合板的良好替代品之一。

3.6.5 经济分析

如表3.6.1及表3.6.2所示，该工程结构总用钢量为13.46t，总混凝土用量30.16m²，单位用钢量37.75kg/m²，其中钢梁用钢量7.7t，占总用钢量的57%，钢柱5.3t，支撑0.5t。相较于纯钢结构框架（柱截面250×250，梁截面H450×220×8×10）单位用钢量55.8kg/m²降低约32%。

钢材统计表　　　　　　　　　表3.6.1

截面	类型	构件数	总长（mm）	总重量（kN）
□100×6	柱	82	246000	52.74
H300×150×4.5×6	梁	42	315000	76.55
−80×6	支撑	34	139596	5.26
钢结构的总重量（kN）				134.56

混凝土用量统计表　　　　　　　　表3.6.2

序　号	类　型	材　料	用量（m³）
1	基础	C30	11.18
2	墙板	C30 陶粒	4.06
3	楼板	C30	10.92
4	楼梯	C30	4
混凝土总用量（m³）			30.16

3.6.6 小结

通过该工程实践，可以得出以下结论：

（1）工程采用预制陶粒混凝土墙板、预制楼板、预制楼梯、钢梁钢柱，装配率高达95%以上。

（2）采用装配式轻钢框架—预应力支撑结构体系，整体结构的延性好，连续梁抗弯刚度大、跨中挠曲变形小，梁贯通式全螺栓端板节点，构造简单，柱子自重轻，便于安装。

（3）相较于普通混凝土墙板，带内嵌钢柱的预制钢丝桁架陶粒混凝土复合墙板自重减轻了30%，强度重度比约为普通混凝土墙板的1.14倍，节能效果达65%以上。

（4）在相同板跨时，相较于钢丝桁架楼承板，波纹钢腹板预应力混凝土叠合板承载力提高了3.3倍。叠合板底板与钢腹板一次浇注成型，没有施工缝，比预制板重量更轻。

第4章 低成本基础隔震结构体系与案例

4.1 低成本基础隔震结构体系

我国是一农业大国，全国70％以上地区都是农村。在历次大地震中，乡镇地区的砖混房屋破坏很严重。图4.1.1、图4.1.2反映了2008年四川汶川大地震中乡镇地区房屋破坏的情况。

图 4.1.1　2008 年四川地震后的映秀镇

图 4.1.2　2008 年四川地震后坍塌的砖混结构房屋

人员伤亡的主要原因是房屋倒塌。如何防止房屋倒塌，是广大人民群众最关心的问题。我国抗震设防的原则是"小震不坏、中震可修、大震不倒"。如何防止"大震不倒"呢？多用水泥、钢材、肥梁、胖柱，把房子建得十分坚固。这样做往往增大了房屋的刚度，反而导致房屋需要承受更大的地震作用，并不是最好的解决方案。

防止房屋"大震不倒"的措施包括：材料加强房屋的强度——"硬抗"；还有就是减小房屋某些部位"刚度"、增加"耗能阻尼"——"软抗"的方法。在这些"软抗"的方法里，效果最好的是"隔震"——即把从地下传来的地震作用隔离在主体结构以下。

历史上有把圆木铺在房屋基础上隔震的，但由于耐久性不佳及缺乏弹性恢复力等原因，没有普及使用。到 20 世纪 70 年代，人类用上了隔震效果好的橡胶隔震支座，基础隔震技术才得以重用。

近期，又出现了北京工业大学的"石墨玻璃珠隔震"及广州大学的"橡胶砖隔震"及湖南大学的"钢筋—沥青隔震层"方法，这些都是基础隔震的好方法。隔震的效果虽然都好，但应用传统隔震技术（如：橡胶隔震支座）的费用却比较高。

本节主要介绍一种"低成本隔震"新技术即"钢筋—沥青隔震层"，主要用于普通乡镇居民的多层砖混结构房屋或钢筋混凝土房屋。在费用增加不多（只增加传统房屋造价的百分之几），却可得到抗震性能良好的房屋，同时耐久性可达 60～100 年，且取材容易、施工简便、维护便捷。

4.2　钢筋—沥青隔震层构造

为了简明扼要，先以几张图说明"钢筋—沥青隔震层"的构造（见图 4.2.1～图 4.2.3）。

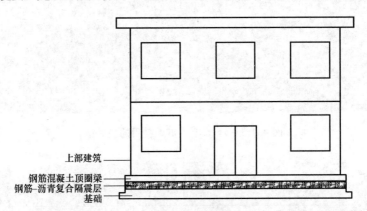

图 4.2.1　设在房屋基础顶面处的隔震层

从图 4.2.1～图 4.2.3 可以看出，"钢筋—沥青隔震层"构造简单、取材容易、施工简捷。另外，钢筋、沥青、水泥都是最常见的建筑材料，目前的价格低于白菜的价格。特别是，受力构件是钢筋，沥青的主要功能是保护钢筋不生锈，因此，"钢筋—沥青隔震层"的耐久性良好，一般可用 60～100 年以上，且维护很方便，隔震层就在室外地坪高度，站在地面上就可检查；维护就是往竖向钢筋上刷沥青，无须顶起上部房屋更换零件。

需要说明的是，这里的"钢筋—沥青隔震层"主要是抵抗水平地震作用的。这是因为，大量震害调查表明：地震时，远离震中 10km 外地面竖向地震加速度约为水平地震加速度的 2/3；结构物竖向的强度一般都比横向的强。因此目前，世界各国的《结构抗震规范》对于一般的低矮建筑及小跨度房屋都不考虑竖向地震作用。

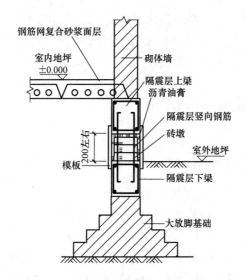

图 4.2.2 基础顶面处钢筋—沥青隔震层剖面

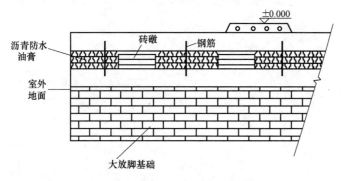

图 4.2.3 钢筋—沥青隔震层立面

4.3 钢筋—沥青隔震层原理

发生地震时，地震作用从基础向上部楼层传递，水平刚度小的楼层阻隔了地震作用的

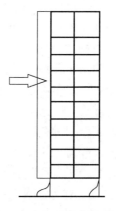

图 4.3.1 小刚度层隔震

上传，也就是说，水平刚度小的楼层就相当于隔震层，部分地震剪力被阻隔在这一层（见图 4.3.1）。但小刚度层要同时满足强度要求和刚度要求：在平时的重力荷载效应下是安全的；刚度很小并在平时常见的风荷载作用下，房屋不会发生水平位移。

4.4　钢筋—沥青隔震层试验研究

4.4.1　试验一：一种新型隔震层的构造及其振动台试验研究

1. 钢筋—沥青隔震层的构造及工作原理

隔震层一般设置于上部结构与基础之间，对于农村民居上部结构为承重墙，基础为墙下条形基础。隔震层高度为 200～300mm。隔震层构造如图 4.4.1（a）、图 4.4.1（b）所示，主要组成部分包括：钢筋混凝土顶梁和底梁、两端分别锚固于顶梁与底梁之中的多根竖向钢筋、沿基础方向每隔一定间距布置的砖墩（与竖向钢筋间隔布置）以及填充于钢筋与砖墩之间空隙的防水沥青油膏和铺设于顶梁之下的 10～15mm 厚的沥青油膏垫层。

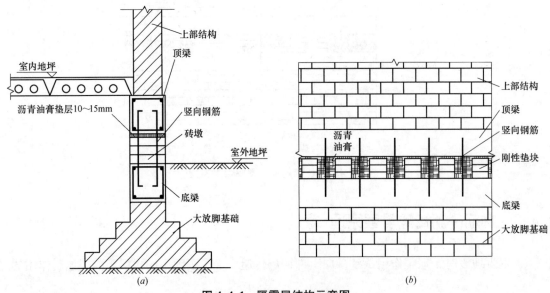

图 4.4.1　隔震层结构示意图
（a）隔震层横断面图；（b）隔震层立面图

竖向钢筋为主要的竖向与水平受力构件，在弹性范围内（即平时正常使用状态下与小震情况下）承受上部结构的竖向荷载与水平荷载。竖向钢筋的总水平刚度较小，因而能延长整个隔震结构的自振周期，令变形主要发生在隔震层之内，从而大大减轻上部结构的地震破坏。砖墩的高度略小于隔震层高度 h，因此在弹性范围，砖墩并未与上部结构直接接触，也不承受上部结构的荷载。当遇到罕遇地震时，隔震层发生水平错动，钢筋产生较大的水平侧移，引起隔震层高度的降低，隔震层上梁连同整个上部结构会落在砖墩上，此时由砖墩承受上部结构的竖向荷载。并且由于砖墩的存在，限制了钢筋的水平侧移，因此也限制了结构水平位移的持续增大。钢筋、砖墩及上下梁之间的空隙中，填充沥青防水油膏，其主要用途是防止 钢筋生锈，并且沥青的阻尼对于隔震层耗散地震能量也是有利的。

此时，隔震层上梁连同整个上部结构可继续在砖墩上滑动，以耗散地震能量。

2. 钢筋—沥青隔震层的试验设计

为了验证这种新型隔震层的实际施工可行性及其减震效果，在湖南大学土—结构相互作用动力试验室内进行了隔震层试件的振动台试验。

（1）试验试件设计

1）设计目标

在保证竖向承载能力的情况下，设计 7 度地震作用下的隔震层：

第一阶段：7 度多遇地震作用下，台面输入加速度 0.1g 以下产生弹性变形，保证基础不坏；第二阶段：7 度基本地震加速度下，台面输入加速度 0.2g 时，产生较大变形，减小地震作用，保证上部结构不倒塌，地震过后修复即可继续使用；第三阶段：7 度罕遇地震加速度下，台面输入加速度 0.3g，隔震层相对错动较大时，顶梁挤压顶梁与砖墩间的沥青油膏垫层，并受到砖墩限制同时横向刚度提高，限制结构产生过大水平方向变形，防止结构倾覆。

2）竖向钢筋设计

竖向钢筋是隔震层最主要的部分，采用地震作用与上部荷载共同作用时的钢筋应力和钢筋竖向稳定性两个指标来对钢筋根数进行设计。对于水平地震作用，采用 7 度抗震设防的底部剪力法计算。设计时没有考虑沥青油膏的阻抗作用。在对不同直径的钢筋进行选取时，发现由于在相同总截面积的情况下，选取的钢筋直径越粗，其惯性矩越大，从而总的抗侧刚度也越大。因此理论上钢筋直径越小，隔震层的水平刚度越小，其隔震性能越好。本节试验中的试件均采用直径为 6mm 的钢筋。

3）试件设计

试件采用 C30 混凝土、HRB400 钢筋（试件设计选取标准值计算），钢筋的弹性模量 $E_f = 200\text{Gpa}$，试件比例为 1：1，为便于放置上部质量配重块，取两条平行的 1m 长条形基础作为模型试验试件，设计要求结构在罕遇地震作用下进入塑性变形并对位移进行规范限值规定，竖向钢筋选取 Φ6。

以刚体质量块代替刚度较大的砌体建筑物，在湖南大学结构防灾减灾试验室进行了振动台的模拟试验。设计了隔震层高度为 200mm 和 300mm 的隔震层模型，在不同的地震波输入下进行了隔震层模型的减震试验研究。上部质量块质量为 5.4t，按 7 度设防烈度设计的隔震层竖向钢筋数量应为 40 根直径为 6mm 的钢筋。隔震层试件构造如图 4.4.2 所示。

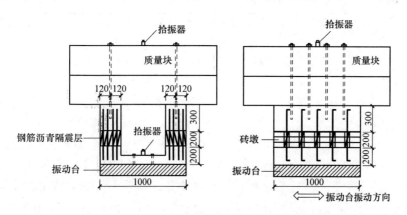

图 4.4.2 隔震层振动台试验模型示意图

图 4.4.3　试验装配示意图

（2）试验装置

试验在利用湖南大学土木工程学院的低频激振器二次开发制作的振动台上完成。试验装置、试件与质量配重块如图 4.4.3 所示。

（3）输入波形及测量

1）输入波形。试验确定两种地震波作为模拟地震振动台台面输入波，即 1940 年 EL-Centro 波（S-N）和 1952 年 Taft 波（N21E）。

2）测量内容。依据研究的目的测量了不同位置的加速度及位移反应时程，位于振动台上的拾振器采集振动台台面输入加速度及位移时程，位于质量块上部的拾振器采集隔震层输出的加速度及位移时程。由加速度时程可以得到加速度的折减系数，用以研究不同加速度输入水平下的隔震层隔震效果及动力特性。由振动台台面输入和隔震层输出位移时程的差值，可以得到对应的相对位移时程，用以研究不同加速度输入水平下的隔震层动力特性。

3）试件参数与试验工况。试件参数与试验工况见表 4.4.1：

试验工况表　　　　　　　　　　　　　　　　　　　　　　表 4.4.1

试件号	隔震层高度（mm）	台面输入峰值加速度（g）	输入波形	工况代号
GZC200	200	0.1	EL	200EL0.1
			Taft	200Taft0.1
		0.2	EL	200EL0.2
			Taft	200Taft0.2
		0.3	EL	200EL0.3
			Taft	200Taft0.3
		0.4	EL	200EL0.4
			Taft	200Taft0.4
GZC300	300	0.1	EL	300EL0.1
			Taft	300Taft0.1
		0.2	EL	300EL0.2
			Taft	300Taft0.2
		0.3	EL	300EL0.3
			Taft	300Taft0.3

注：以 200EL0.2 为例，工况代号中 200 表示隔震层高度 200mm，EL 表示输入波形为 EL-Centro 波，0.1 表示台面输入加速度峰值为 0.1g，依此类推。

3. 钢筋—沥青隔震层的试验现象及动力特性

（1）试验现象

第一阶段：7 度多遇地震作用下，台面输入加速度峰值在 0.1g 以下产生弹性变形，随着加速度峰值的加大，隔震层开始出现明显的错动，加速度峰值较小的情况下，隔震层振动后能较好地复位，并未出现破坏，但是在振动作用下，沥青油膏发热软化，说明沥青已经开始吸收了部分振动能量；第二阶段：7 度基本地震加速度下，台面输入加速度峰值达到 0.2g 时，产生大变形，上部结构相对错动明显，随着台面输入峰值的增加，结构的反应逐渐增强，在加速度峰值较大时，结构反应明显，伴有一定的晃动和整体扭转发生；第三阶段：7 度罕遇地震加速度下，当加速度峰值超过 0.30g 时，隔震层出现较大变形，顶梁挤压顶梁与砖墩间的沥青油膏垫层，由于砖墩的设置，垫层沥青被部分挤出。

试验结束后观察试件，发现高度为 300mm 的试件在台面加速度输入 $3m/s^2$ 时有轻微损坏现象，在砖墩处有轻微开裂现象；200mm 高的隔震层试件在台面输入达到 $4m/s^2$ 时，仍能有较好的隔震能力，因此实际应用中，隔震层高度较高时应当考虑采用强度较高的材料来代替砖墩，保证隔震层进入罕遇地震时，支撑顶梁的构件不至于丧失功能，导致结构倒塌。

（2）动力特性

将试验采集到的加速度、速度、位移数据进行线性回归分析，利用 Matlab 编制了相关程序，分析了不同工况条件下隔震层的动力特性。现将分析得到的频率和阻尼比列于表 4.4.2。

动力特性表

表 4.4.2

工况代号	台面输入加速度(g)	隔震层自振频率(Hz)	隔震层测点阻尼比
200EL0.1	0.96	1.72	0.148
200Taft0.1	1.28	1.719	0.135
200EL0.2	1.98	1.707	0.132
200Taft0.2	2.18	1.7	0.146
200EL0.3	3.14	1.685	0.205
200Taft0.3	3.13	1.693	0.22
200EL0.4	4.32	1.853	0.165
200Taft0.4	4.14	1.799	0.151
300EL0.1	1.16	1.369	0.155
300Taft0.1	1.04	1.439	0.159
300EL0.2	2.17	1.432	0.203
300Taft0.2	2.13	1.434	0.185
300EL0.3	3.17	1.604	0.209
300Taft0.3	3.1	1.693	0.22

通过试验可以看到：

1）总体上 200mm 高隔震层试件的自振频率在振动台输入加速度峰值为 $0.4g$ 地震波时有明显提高，300mm 高隔震层试件的频率在振动台输入加速度峰值为 $0.3g$ 地震波时有明显提高，说明隔震层顶梁在 7 度罕遇地震到来时，挤压顶梁与砖墩间的沥青油膏垫层，砖墩的限位作用开始体现，达到设计目标。

2）总体上隔震层的阻尼随台面输入加速度的提高而提高，但是 200mm 高隔震层试件在台面输入峰值为 $0.4g$ 的工况时阻尼有所下降，这是由于垫层受到明显挤压后，隔震层的整体动力特性发生变化引起的。

4. 钢筋—沥青隔震层的加速度及位移反应分析

（1）隔震层的加速度及位移反应汇总

为了分析不同工况条件下隔震层的加速度及位移反应，定义加速度折减系数 α：

$$\alpha = \frac{a1 - a2}{a} \tag{4.4.1}$$

式中：$a1$ 为台面输入最大加速度；$a2$ 为隔震层输出最大加速度。

现将试验分析得到的加速度及位移反应及加速度折减系数汇总于表 4.4.3。

加速度及位移结果汇总表　　　表 4.4.3

工况代号	台面输入加速度(g)	隔震层输出最大加速度(m/s²)	加速度折减系数 α	隔震层上下梁最大相对位移(mm)
200EL0.1	0.96	0.48	0.50	2.56
200Taft0.1	1.28	0.68	0.47	2.69
200EL0.2	1.98	0.84	0.58	7.8
200Taft0.2	2.18	0.96	0.56	9.1
200EL0.3	3.14	1.32	0.58	8.55
200Taft0.3	3.13	1.4	0.55	9.8
200EL0.4	4.32	1.62	0.63	10.8
200Taft0.4	4.14	1.64	0.60	10.9
300EL0.1	1.16	0.56	0.52	2.54
300Taft0.1	1.04	0.57	0.45	2.6
300EL0.2	2.17	0.89	0.59	7.5
300Taft0.2	2.13	0.93	0.56	8.2
300EL0.3	3.17	1.24	0.61	8.5
300Taft0.3	3.1	1.3	0.58	10

从表中可以看出：随着加速度峰值的增加，隔震层的最大相对位移增加；在相同加速度水平下，隔震层最大相对位移并没有因隔震层高度增加而随之增加，而是趋于接近，说明隔震层最大相对位移取决于沥青油膏垫层的高度，也说明砖墩有明显的限位作用；在台面输入加速度峰值较大时，位移幅值与台面输入加速度峰值并非呈线性关系，位移幅值随台面输入加速度峰值增大而增大的趋势逐渐放缓，也在一定程度上说明了在 7 度罕遇地震作用下隔震层具有限位功能。

（2）隔震层的加速度反应分析

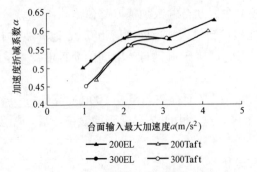

图 4.4.4　台面输入最大加速度与加速度折减系数关系图

1）加速度折减系数分析

不同工况下试件的台面输入最大加速度与加速度折减系数的关系如图 4.4.4 所示。

由图 4.4.4 可以看出：①随着加速度幅值增加，隔震层的隔震效果总体上趋于更加明显，即最大加速度折减系数增大；②隔震层高度越大，隔震效果越明显。

2）加速度时程分析

试件在幅值为 0.3g 的 EL 波输入下的加速度时程如图 4.4.5 所示。

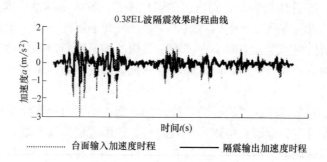

图 4.4.5　台面输入加速度和隔震层输出加速度时程曲线

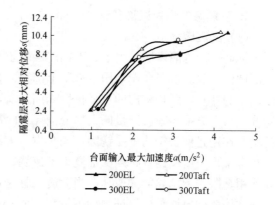

图 4.4.6　台面输入最大加速度与隔震层最大相对位移关系图

　　试验中台面输入加速度峰值和理论值误差在 2.5％ 以内，满足试验要求。由图 4.4.5 中可以看出，当加速度较大时，隔震效果较好；在加速度峰值处，加速度衰减超过了 50％。

　　（3）隔震层的位移反应分析

　　1）加速度与位移的关系

　　不同工况下试件的台面输入最大加速度与隔震层相对位移的关系如图 4.4.6 所示，可以看出，随着输入加速度幅值的增大，相对位移反应增大。

　　2）位移时程分析

　　台面输入位移和隔震层输出位移时程曲线如图 4.4.7 所示。

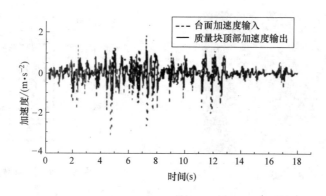

图 4.4.7　台面输入位移和隔震层输出位移时程曲线

5. 结论

　　（1）隔震层的自振频率在振动台输入较大加速度时有明显提高，说明隔震层的抗侧刚度有所提高，这是由于隔震层顶梁在 7 度罕遇地震到来时，挤压顶梁与砖墩间的沥青油膏垫层，砖墩的限位作用开始体现，验证了该隔震层的限位能力。钢筋—沥青隔震层的阻尼比最大达到 0.22，在总体趋势上，隔震层的阻尼随台面输入加速度的提高而提高。

（2）钢筋—沥青隔震层能有效地对地震动起滤波和隔震的作用。尤其是在加速度幅值较大的情况下，结构加速度大大减小，试验中结构的加速度折减系数达到了 60%。可见，如果适当地选择隔震层竖向钢筋，设计隔震层的抗侧刚度，利用钢筋—沥青隔震层隔震与减震是可以实现的。

（3）设计时，并未考虑沥青油膏的阻抗作用，沥青油膏对隔震层抗震性能的影响如何在设计过程中考虑将在后续研究中逐步深入进行。该隔震层结构明晰，造价低廉，抗拉拔性能好，材料极易获取，因而在推广上具有可行性，是一种适用于农村地区的减震装置。

4.4.2 试验二：钢筋—沥青隔震墩砌体结构足尺模型试验研究

1. 隔震墩的性能试验及设计

（1）隔震墩构造

钢筋—沥青隔震墩是由上、下钢筋混凝土墩、竖向钢筋、侧向混凝土墩、沥青油膏组成的构件。隔震墩竖向钢筋用于承受上部荷载，在地震发生时利用其竖向承载力高而抗侧刚度小的特点，延长结构的水平自振周期，避开场地的特征周期，从而把地面震动有效地隔开。另一方面将地震能量的大部分消耗在隔震墩，减小上部结构的地震反应。沥青油膏的主要作用是保护钢筋不受锈蚀，同时也增大结构的阻尼，消耗地震能量。为了保证沥青的正常工作，所用沥青必须保证夏天不流淌、冬天不结硬的基本要求。侧向混凝土墩的主要作用是限制上部结构的位移，当大震来临竖向钢筋屈服，承受不了上部结构的荷载时，上部结构落到侧墩上，保证结构不倒塌。隔震墩的尺寸为 200mm×240mm×600mm，隔震墩的实物图和结构图分别如图 4.4.8～图 4.4.11 所示。隔震墩所用混凝土应保证在竖向钢筋屈服，上部结构落到侧墩时混凝土不破坏，本试验选用 C30 混凝土。竖向钢筋应有良好的延性，以及较高的强度储备。

图 4.4.8 隔震墩

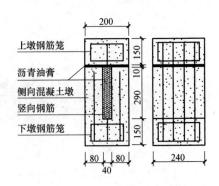

图 4.4.9 隔震墩的立面图

（2）隔震墩的受力特性

1）竖向钢筋的材性试验

对隔震墩钢筋进行钢筋材性试验，得到其性能指标见表 4.4.4。由表 4.4.4 可知，所选竖向钢筋的各项性能均满足抗震规范对于强屈比、超屈比（屈服强度的实测值与标准值之比）及伸长率的要求。竖向钢筋较多的强度储备和较好的延性，适合用于隔震墩。

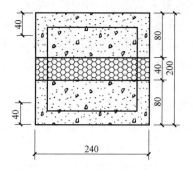

图 4.4.10 隔震墩剖面图

图 4.4.11 隔震墩钢筋笼

竖向钢筋材性试验指标 表 4.4.4

钢筋型号	强度标准值 f_{yk}(MPa)	屈服强度 f_y(MPa)	极限强度 f_u(MPa)	伸长率（%）	强度比	超屈比
Φ8	40C	471	621	18.6	1.32	1.18
	40C	456	574	17.2	1.26	1.14
	40C	481	639	19.4	1.33	1.2
Φ6	40C	502	678	17.6	1.35	1.26
	40C	491	624	16.7	1.27	1.23
	40C	462	603	18.3	1.31	1.16

2）隔震墩的竖向受压承载力试验

为了获得单个隔震墩竖向轴心受压承载力值，用万能试验机对一组隔震墩（共3个）分别进行试验，如图4.4.12所示。隔震墩所用混凝土强度等级为C30、28d龄期的立方体抗压强度平均值为36.7MPa。以隔震墩竖向钢筋受压屈服，上墩落到侧墩上作为隔震墩失效的标准，并将此数值作为隔震墩竖向受压承载力值。试验得到3个隔震墩的受压承载力值分别为28.0kN 30.3kN 和 25.8kN。试验结果表明竖向钢筋受压屈服并伴有失稳现象。

3）隔震墩的水平振动台试验

为了验证隔震墩的水平隔震效果，对两排共10个隔震墩进行水平振动台试验（见图4.4.13）。水平振动台试验结果表明隔震墩减震效果良好，隔震墩上部与隔震墩下部的加速度比值可达0.5以下。

图 4.4.12 隔震墩竖向承载力试验

图 4.4.13 隔震墩水平振动台试验图

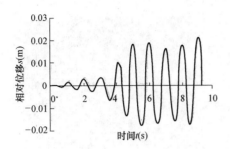

图 4.4.14　隔震墩上下墩相对
位移时程（1Hz、15mm）

4）隔震墩上、下墩位移时程曲线

通过隔震墩上、下墩位移时程曲线相减得到隔震墩上、下墩相对位移时程曲线。对比各相对位移时程曲线可知，在 1Hz、15mm 工况下，相对位移峰值最大。由图 4.4.14 可知隔震墩上、下墩之间错动最大时可达到 22mm。但未发现隔震墩错位很大不能恢复到接近原位的情况。从图 4.4.15 可知相对位移与加速度保持同步。即当加速度达到最大时，隔震墩上、下墩相对错动也达到最大。当加速度为零时，隔震墩上墩恢复到接近平衡位置。

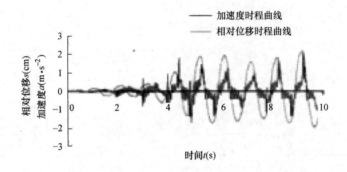

图 4.4.15　加速度时程和相对位移时程的对比图

2. 砌体结构足尺模型试验概况

本次试验隔震墩设计有 3 种规格，隔震墩的竖向钢筋设置分别为单排 2 根钢筋，单排 3 根钢筋和单排 4 根钢筋供模型结构选用。所有竖向钢筋均采用 HRB400 钢筋，直径为 8mm。经计算，上层隔震墩所需竖向钢筋的数量为 110 根，下层隔震墩所需竖向钢筋的数量为 130 根。底层隔震墩均采用单排 4 根钢筋规格的隔震墩，上层隔震墩除四角为单排 2 根钢筋外，其余均为单排 3 根竖向钢筋的隔震墩。隔震墩之间间距相等，上、下层隔震墩的布置如图 4.4.16 所示。隔震墩与楼面板的构造如图 4.4.17 所示。

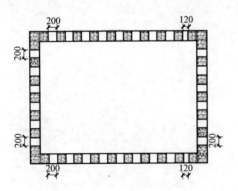

图 4.4.16　隔震墩的布置图

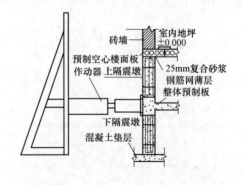

图 4.4.17　足尺模型试验示意图

（1）砌体模型的制作

受试验室场地和仪器所限，模型结构采用单层单开间的砌体房屋。模型结构长为4.2m，宽为3.0m，高为2.8m。模型两侧窗洞口尺寸为1m×1m，门洞尺寸为1.0m×1.8m。砌体采用MU10烧结普通砖，砂浆采用水泥砂浆，强度等级为M1.0。墙体为240mm实心墙。两层隔震墩之间板采用整体预制板，楼面板及屋面板采用预制空心板，为保证楼面板的整体性，采用复合砂浆钢筋网薄层（HPFL）加固楼面板。砌体模型的建筑平面及施工现场分别如图4.4.18和图4.4.19所示。模型施工完成后实物如图4.4.20所示。

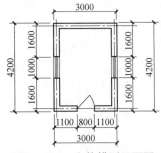
图4.4.18 砌体模型平面图

图4.4.19 砌体模型施工现场

图4.4.20 模型实物图

（2）加载方案（加载装置及加载方法）

由于模型和隔震墩总重超过30t，超过试验室振动台竖向承载力限值，故采用电液伺服脉动疲劳试验机推动隔震墩圈梁的方法起振。考虑到摩擦阻力太大，可能超过仪器推力限值，采用双层隔震墩减少摩擦阻力。试验中电液伺服脉动疲劳试验机与模型的连接采用螺栓连接，在上、下隔震墩之间圈梁内预埋螺栓。由于试验机的接头尺寸较小，为了避免圈梁受集中力使模型产生应力集中，用钢梁与试验机连接将力均匀传到模型。模型与试验机的连接如图4.4.21所示。电液伺服脉动疲劳试验机做动力试验有两种控制方法：位移控制和载荷控制。为了保证试件的安全和更好地控制输出加速度，采用位移控制方法。通过调整振动频率和位移幅值得到不同工况下的加速度幅值。试验采用的工况有1Hz、7mm（其中1Hz为振动频率，7mm为目标振动幅值，下同），2Hz、5mm，3Hz、5mm，3Hz、9mm，4Hz、7mm，4Hz、10mm。

图4.4.21 模型与试验机的连接

（3）量测内容

试验中的加速度和位移测量均使用中国工程力学研究所的941B型拾振器，在模型的隔震墩之间的板、楼面板和屋面板处各布置4枚拾振器，分别记录作动器振动方向的加速度和位移、垂直振动方向和竖向的加速度。为了减少作动器与模型的撞击产生的高频振动的影响，同时也为了方便布置拾振器，选择在作动器的对面布置拾振器。拾振器的布置如图4.4.22所示。

3. 试验结果及分析

（1）试验现象

图 4.4.22　拾振器布置图

打开电液伺服脉动疲劳试验机的动力试验功能，调到位移控制档，使其产生较小的动力输出。由于作动器动力试验是通过频率和位移进行控制的，同时调节频率和位移可获得不同加速度输出。试验中可以看到随频率和位移的增大，隔震墩的相对错动越来越明显。为了获得直观的减震效果对比，试验前在隔震层之间层板和楼面板上同时放一完全相同的塑料瓶。试验时发现在低频小位移作用下，上下塑料瓶均无明显晃动，当频率较高、位移亦较大时，上层塑料瓶有轻微晃动而下层塑料瓶晃动明显甚至倾倒，这表明隔震墩具有较好的减震效果。由于沥青黏性流动，加大了隔震墩的阻尼，消耗了部分振动能量。由图 4.4.23 可知，尽管该试验工况侧移较大，振后隔震墩上墩保持原位，即在加速度峰值较小的情况下，隔震墩振后能较好地复位。试验后隔震墩的变形形态如图 4.4.24 所示，竖向钢筋经过多次的往复摆动使得沥青油膏向外鼓出，上下墩之间沥青由于上下墩的摩擦进入流塑状态，向外面溢出。由于竖向钢筋屈服，导致已无法支撑上部结构，上墩落到侧墩上，但结构安全（大震不倒）仍然可以保证。

图 4.4.23　3Hz、15mm 试验后的隔震墩

图 4.4.24　试验后隔震墩变形形态

（2）试验结果分析

定义加速度衰减系数 β 为：

$$\beta = \left| \frac{\text{隔震层上部加速度最大值}}{\text{隔震层下部加速度最大值}} \right| \tag{4.4.2}$$

试验表明，在水平两个方向隔震墩的隔震效果非常明显。对于水平两个方向，随着振动频率的增大，加速度衰减系数也相应减小。而随着控制位移的加大，加速度衰减系数相应增大。从输入加速度大小上分析，则随加速度峰值的增大，加速度衰减系数有减小的趋势。加速度衰减系数 β 在高频、小控制位移下达到最小，在 3Hz、5mm 工况后可以减到 30% 以下。图 4.4.25 为各工况下，隔震层之间板和楼面板加速度反应时程对比图。图中 y 向为作动器推力方向，x 向为与作动器推力相垂直的方向。由图 4.4.25 可知，对于 y 向，1Hz、7mm 工况下，频率较低，位移较大，上部结构与隔震墩一起做刚体平动，故隔震效果不明显，加速度衰减系数约为 0.75。2Hz、5mm 工况下，隔震墩上、下墩错动明显，加速度衰减系数约为 0.35，隔震效果明显。3Hz、5mm 工况下，隔震效果最佳，加速度衰减系数约为 0.25。由于作动器的推力方向与隔震墩钢筋的刚度中心不重合，导致模型产生扭转，x 向产生加速度。试验结果表明，x 向加速度反应为 y 向加速度反应的 $1/10\sim1/5$，在各工况下的减震效果与 y 向基本保持一致。

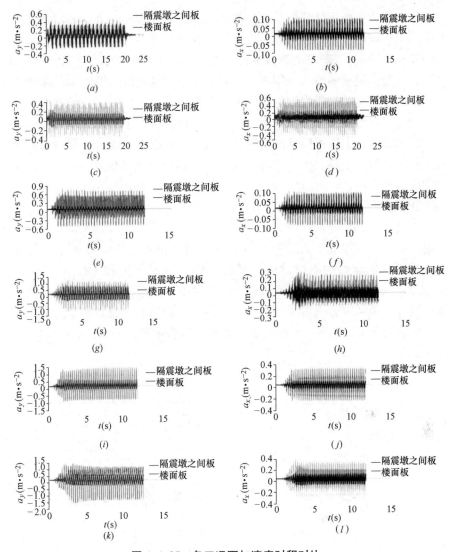

图 4.4.25 各工况下加速度时程对比

(a) 1Hz、7mm、y 向；(b) 1Hz、7mm、x 向；(c) 2Hz、5mm、y 向；(d) 2Hz、5mm、x 向；
(e) 3Hz、5mm、y 向；(f) 3Hz、5mm、x 向；(g) 3Hz、9mm、y 向；(h) 3Hz、9mm、x 向；
(i) 4Hz、7mm、y 向；(j) 4Hz、7mm、x 向；(k) 4Hz、10mm、y 向；(l) 3Hz、10mm、x 向

4. 结论

（1）由于设置的隔震墩吸收了大部分振动能量，楼面板加速度反应相比隔震墩之间板加速度反应衰减很多，在输入波频率大于 2Hz 及目标位移大于 5mm 工况下，楼面板加速度反应可以衰减到隔震墩之间板加速度反应的 50% 以下，由此表明设置隔震墩后能有效降低上部结构加速度反应幅值，具有较好的减震效果。

（2）隔震墩竖向钢筋在振动频率为 1～4Hz，目标位移不大于 15mm 工况下保持稳定工作，可以较好地复位。

4.4.3　试验三：钢筋—沥青隔震层位移控制研究

1. 钢筋—沥青隔震层

钢筋—沥青隔震层位于新建建筑上部结构（墙体）与基础之间，由上圈梁、下圈梁、锚固于上下圈梁之间的竖向钢筋、砖墩以及填充物沥青油膏（包括垫层部分）组成。隔震层构造如图 4.4.26 所示。竖向钢筋为主要受力构件，承受地震作用时上部结构的竖向荷载和水平荷载；竖向钢筋的总水平刚度小，延长了隔震结构的自振周期，降低了上部结构的加速度，减小了上部结构所受到的水平地震作用，从而减轻建筑地震破坏。砖墩与上圈梁不直接接触，多遇地震作用下砖墩不承受上部结构荷载；罕遇地震作用下由于结构位移较大，竖向钢筋倾斜，上圈梁降低高度落在砖墩上，砖墩承受部分上部结构荷载，保护了上部结构不倒塌，增加了隔震体系的可靠度。沥青油膏起防锈的作用，增大隔震层阻尼，有耗散地震能量的作用。

2. 钢筋沥青隔震层试验

（1）试件模型

隔震层的振动台试验模型如图 4.4.27 所示。以刚体质量块代替刚度较大的上部砌体结构质量，进行了振动台的模拟试验。试验采用 C30 混凝土和 HRB400 钢筋，设计了 5.4t 的上部质量块、隔震层高度 200mm 的试验模型。试验分两组，试按 7 度设防烈度、第 II 类场地设计，隔震层分别需 40 根直径 6mm、20 根直径 8mm 的钢筋。为便于放置上部质量块，设置两条平行的各 1m 的长条形基础；钢筋布置为每米 20 根（10 根），5 排布置，每排 4 根（2 根）。

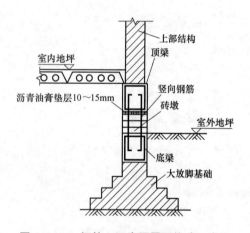

图 4.4.26　钢筋—沥青隔震层构造示意图

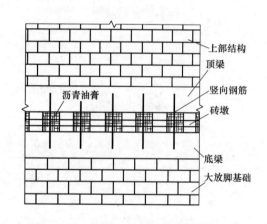

图 4.4.27　钢筋—沥青隔震层模型示意图

（2）试验工况及试验结果

试验利用了湖南大学土木工程学院的低频激振器二次开发的振动台，并选取 1940 年 EL-Centro 波和 1952 年 Taft 波作为模拟地震振动台台面的输入波对隔震层模型进行试验。试验装配如图 4.4.28 所示。

根据试验目的，在振动台和质量块顶面分别布置拾振器，采集振动台台面输入加速度以及位移时程和隔震层输出的加速度及位移时程，拾振器布置如图 4.4.29 所示。

试验时，台面输入加速度峰值从 0.1g 开始逐级往上加。加速度峰值较小时，隔震层复位能力较好，未出现破损现象。随输入加速度峰值的增大，隔震层产生较大变形，结构反应强烈，隔震层出现明显的弹塑性变形，但振动停止时质量块可恢复到接近原点。试验中，由于砖墩上表面不平整，个别砖墩会被碾裂；但个别砖墩被碾裂不会导致整个结构体系的倒塌，安全考虑，当发现个别砖墩被碾裂时，试验停止进行。

图 4.4.28 试验装配示意图

试验测点 4、测点 8 拾振器分别采集了振动台和隔震层的位移，绘制位移时程曲线如图 4.4.30 所示（0.3gEL 波情况），并找到了最大水平相对位移绝对值。

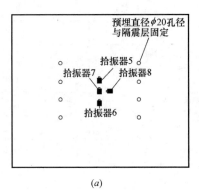

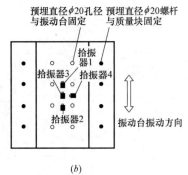

(a)　　　　　　　　　　　(b)

图 4.4.29 拾振器布置示意图

(a) 质量块顶部拾振器布置图　(b) 隔震层底部拾振器布置图

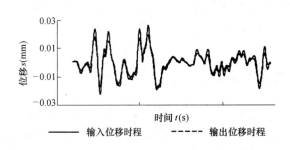

图 4.4.30 台面输入位移与隔震输出位移时程曲线

从表 4.4.5 和表 4.4.6 以及试验中可知：台面输入最大加速度峰值为 0.1g 时竖向钢筋的 Φ6～Φ8 隔震层相对水平位移分别达到 3.04mm、2.55mm；在罕遇地震作用下，竖向钢筋的 Φ6～Φ8 隔震层相对水平位移分别可以达到 16.09mm、13.08mm。隔震结构在罕遇地震作用下，未出现坍塌或整体倾斜，只有部分砖墩被压碎，但不影响其正常工作，说明按 7 度地震设计的隔震层具有足够的安全储备。

钢筋 Φ6 的隔震层位移　　　　　　　　　　　　　　　表 4.4.5

工况代号	台面输入位移 (mm)	隔震层输出位移 (mm)	隔震层最大水平相对 位移绝对值(mm)
EL0.1	0.8	3.84	3.04
Taft0.1	−0.77	2.44	3.21
EL0.2	7.53	12.31	4.78

工况代号	台面输入位移 （mm）	隔震层输出位移 （mm）	隔震层最大水平相对 位移绝对值(mm)
Taft0.2	6.9	12.48	5.58
EL0.3	18.49	26.11	7.62
Taft0.3	9.67	17.22	7.55
EL0.5	20.83	36.92	16.09
Taft0.5	18.67	32.92	14.25

钢筋 Φ8 的隔震层位移　　　　　　　　　　　　　　　　　　　　表 4.4.6

工况代号	台面输入位移 （mm）	隔震层输出位移 （mm）	隔震层最大水平 相对位移绝对值(mm)
EL0.1	−4.28	−6.84	2.56
Taft0.1	3.76	6.39	2.63
EL0.2	0.92	−3.6	4.52
Taft0.2	−4.1	0.82	4.92
EL0.3	16.4	23.62	7.22
Taft0.3	17.53	25.09	7.56
EL0.5	19.68	29.89	10.21
Taft0.5	15.75	28.83	13.08

注：① 以工况代号 EL0.1 为例，EL 表示输入波形为 EL-Centro 波，0.1 表示台面输入最大加速度峰值为 0.1g。
② 台面输入位移和隔震层输出位移是与隔震层最大水平相对位移相对应时刻的测点采集的位移。

3. 结论

本文通过对设计设防烈度为 7 度的隔震层进行了理论分析和试验验证，并对设防烈度 6、8、9 度做了理论推导，得到相似结论。在隔震层设计中计算端部最大弯矩时，水平地震作用乘以 1.1 系数近似用一阶内力代替二阶内力数值偏小，宜采用二阶内力计算结果。

4.4.4　试验四：沥青油膏—双飞粉混合物动剪模量的试验

钢筋—沥青隔震层（见图 4.4.31）主要由两端固定的钢筋构成。房屋竖向荷载主要由钢筋纵向受压抵抗；水平地震作用主要由钢筋横向受弯来抵御。在多遇地震下，钢筋处于弹性状态，结构可较好地恢复到原来位置；在罕遇地震作用下，钢筋弯曲屈服，上部结构会坐落到砖墩上（见图 4.4.32），不会产生过大的沉降而倒塌；由于砖墩上有沥青油膏，上部结构仍有滑动的可能，带油膏的砖墩仍有能力消耗大量地震能量。

沥青油膏具有较高的弹性性能和良好的抗疲劳性能，所以它有着很好的阻尼特性。调节油膏和添加粉料的质量比来形成夏天不流淌、冬天不结硬的隔震层油膏。钢筋—沥青隔震层一般用于低矮房屋基础隔震，而低矮房屋的基底平均压力一般介于 50～150kPa，所以本试验对沥青油膏—双飞粉混合物进行循环单剪时施加 50kPa、100kPa、150kPa 三种竖向压力。

沥青油膏—双飞粉混合物的动剪模量是钢筋-沥青复合隔震层动力学计算和分析的基

本参数之一。在目前的土动力分析中，很多采用等效线性化方法，这就需要确定表示土动力特性的最大动剪模量 Gd_{max} 和 $(G/Gd_{max})-\gamma$ 曲线，它们的确定是否符合实际情况对计算结果的准确性有决定性的作用。而目前，国内外均无沥青油膏—双飞粉混合物动剪模量的试验资料和参考值。本节的目的就是利用循环单剪仪测出双飞粉与油膏质量比为 0、0.2、0.25、0.3 的沥青油膏—双飞粉混合物在 50kPa、100kPa、150kPa 三种竖向压力下的动剪模量，得出其不同竖向压力下，不同配比的动剪模量—剪应变曲线，为该钢筋—沥青隔震层的进一步研究提供有益的结论和数据支持。

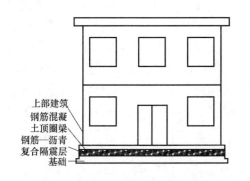

图 4.4.31 钢筋—沥青复合隔震层位置

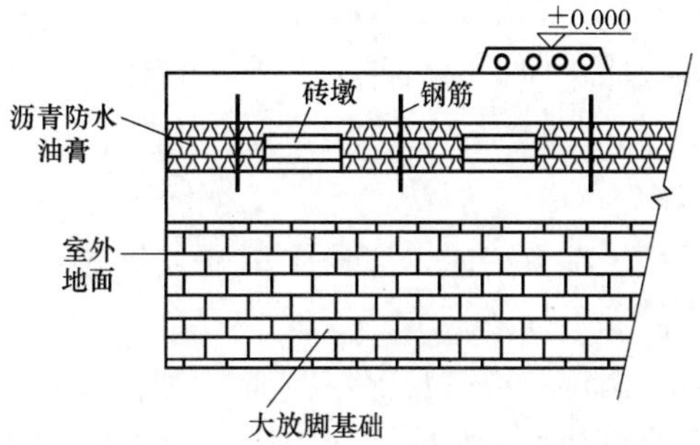

图 4.4.32 钢筋—沥青复合隔震层构造图

1. 试样、试验仪器及试验方法

（1）试样

本节试验研究对象为沥青油膏—双飞粉混合物，其中沥青油膏为建筑用 PVC 防水油膏，回弹率为 85%，粘结强度为 $2.5kg/cm^2$。双飞粉为普通建筑用双飞粉，细度为 400 目，比重为 $2.24g/cm^3$，堆积容重为 $0.5g/mL$。两者之间按质量比进行混合。试样配比情况见表 4.4.7。

试样制备方法：将沥青油膏倒入熔炉内，缓慢升温至 120℃，不停搅拌，熔成液体胶状即可。再掺入一定质量比的双飞粉，充分搅拌均匀。然后倒入模具内形成直径为 70mm、高度为 20mm 的扁圆柱体，试验中以叠层薄铜环模拟边界条件。

试样配比情况

表 4.4.7

试样组号	双飞粉与油膏质量比
S-1	0
S-2	0.2
S-3	0.25
S-4	0.3

（2）试验仪器

循环单剪试验仪器为英国 WFi 生产的 WF25735 循环单剪试验系统。该循环单剪系统由单剪仪、传感器和 PC 系统组成。其中单剪仪包括双动伺服控制制动器、控制与数据采集系统、压缩机和试样制备设备；传感器包括竖向力传感器（±5.0kN）、压力传感器（1000kPa）、水平力传感器（±5.0kN）和位移传感器（±25mm）；PC 与数据采集系统连接，循环单剪系统能够双向气动加载，试验频率可高达 70Hz，用户可自定义波形，能够进行平面应变量测常高度剪切、常应力剪切以及常应变速率剪切。测量数据在每个循环周期中从 50 个测点测得，位移精度可达 1μm。

（3）试验方法

循环单剪试验采用正弦波形加荷，振动频率为 1Hz，轴向采用应力控制，以保持其竖向压力在试验过程中不变。每组试样分别进行了 50kPa、100kPa、150kPa 三种竖向压力下的剪切试验。水平向采用应变控制，由小到大分级施加剪应变，测定剪应力和剪应变。

2. 试验结果及分析

在目前的土动力分析中，多采用的是等效线性模型（Hardin-Drnevich 模型）。等效线性模型就是将土视为黏弹性体，采用等效剪切模量 G 和阻尼比 λ 来反映土体动应力—动应变的非线性与滞后性。在循环单剪试验中，把每一周期的振动波形按照同一时刻的剪应力 τd 和剪应变 γd 值一一对应描绘到 τd-γd 坐标上，即可得到滞回曲线。定义滞回环的平均斜率为 Gd，则 $Gd_{max}=\tau d_{max}/\gamma d_{max}$。如果改变了给定的 γd 值，将得到另一套数据和滞回曲线。在多个应变加载作用下我们得到对应的动应变（γd_1，γd_2，γd_3，…，γd_n）和相应的动剪模量（Gd_1，Gd_2，Gd_3，…，Gd_n）

在循环单剪试验中，施加剪应变 γd，测定剪应力 τd，可做出反映应变循环内各时刻动剪应力与动剪应变之间关系的滞回圈。改变动剪应变幅值，由应力应变的最大 τd_{max} 和 γd_{max}，可做出骨干曲线。滞回圈反映了动剪应变对动剪应力的滞后性，骨干曲线反映了动剪应力与动剪应变之间的非线性。由于土被视为黏弹性体，则其等效的剪切模量采用割线模量来表示，即滞回圈顶点连线的动剪应力 τd 和动剪应变 γd，动剪模量的计算式表示为 $Gd=\tau d/\gamma d$。

定义循环荷载作用下的最大动剪模量 Gd_{max} 为动剪应变 γd 趋于零时的剪切模量。对本节所研究的各配比试样在不同竖向压力下的动剪模量 G 随动剪应变 γ 而衰减的曲线用以下公式进行拟合：

$$G/G_{max}=\frac{1}{1+\gamma/\gamma_c} \tag{4.4.3}$$

（1）相同配比下不同竖向压力的剪切模量-剪应变曲线对比

图 4.4.33～图 4.4.36 为相同配比混合物在不同竖向压力下动剪模量随剪应变变化曲线，从图中可以看出，相同剪应变时，竖向压力越大，混合物的动剪模量就越大，即

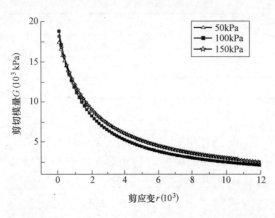

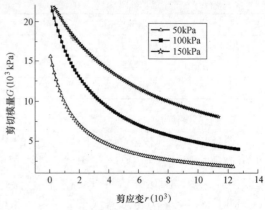

图 4.4.33　不同固结压力下试样 S-1 的 G-γ 曲线　　图 4.4.34　不同固结压力下试样 S-2 的 G-γ 曲线

PVC 油膏—双飞粉混合物的动剪模量随着竖向压力的增大而增大。但从图中看出，试样 S-1，即不添加双飞粉的 PVC 油膏在不同竖向压力下的动剪切模量相差不大。

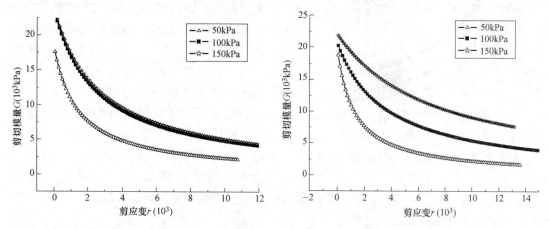

图 4.4.35　不同固结压力下试样 S-3 的 G-γ 曲线　　图 4.4.36　不同固结压力下试样 S-4 的 G-γ 曲线

（2）相同竖向压力下不同配比混合物的动剪模量对比

图 4.4.37～图 4.4.39 给出了在 3 种竖向压力下，不同配合比的试样的动剪模量随动剪应变衰减的曲线，表 4.4.8 为竖向压力为 50kPa 时不同配比的 Gd_{max} 和 γr 值，由此可以更明显地看出配合比对于混合物的动剪模量衰减曲线的影响：沥青油膏-双飞粉混合物的动剪模量随着剪应变的增大而减小；随着 PVC 油膏比例的增大，混合物的最大动剪模量随之减小。

竖向压力为 50kPa 时不同配比的最大动剪模量和剪应变值　　　　表 4.4.8

试样	最大动剪模量$\times 10^{-3}$/kPa	参考剪应变
S-1	16.1	0.0021
S-2	17.8	0.0016
S-3	18.1	0.0015
S-4	19.5	0.0013

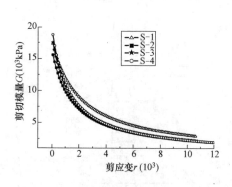

图 4.4.37　固结压力为 50kPa 的 G-γ 图

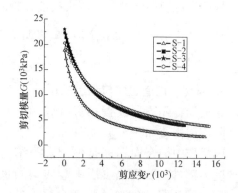

图 4.4.38　固结压力为 100kPa 的 G-γ 图

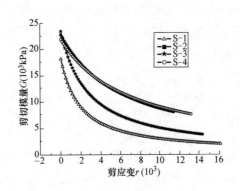

图 4.4.39　固结压力为 150kPa 的 G-γ 图

3. 机理分析

（1）竖向压力对混合物动剪模量的影响

从微观上可以作如下分析：PVC 油膏是以煤焦油为基料，加入 PVC 树脂、增塑剂、稳定剂、稀释剂和填充料等，经加热塑化而制成。油膏—双飞粉混合物所表现出来的力学性质由 PVC 油膏的自身粘聚力和油膏与粉料之间的摩擦力共同决定。而其颗粒之间本身的粘聚力是有限的，土体的整体力学性质更多的是受颗粒间的摩擦咬合力影响。随着竖向压力（或平均主应力）的增大，颗粒间的摩擦咬合更紧密，颗粒排列也有可能发生变化而趋于更均匀密实，那么宏观表现出来就是其弹性性质得到加强，抵抗剪切变形的能力也更强。

（2）PVC 油膏含量对动剪模量的影响

由试验结果可以看出，竖向压力为 50kPa 时，试样 S-1 的 $Gd_{max}=16.1$MPa，试样 S-4 的 $Gd_{max}=19.5$MPa。这是由于 PVC 油膏具有较大的变形能力和较低的弹性模量，使得混合物能在较小的水平力下产生较大的剪切位移，即混合物的动剪模量小。因此，随着混合物中 PVC 油膏含量的增大，混合物的动剪模量随之减小。

4. 结论

通过对比分析，我们可以得出以下有益的结论：

（1）竖向压力和 PVC 油膏的含量是影响沥青油膏—双飞粉混合物动剪模量的主要因素，在相同配比下，混合物的剪切模量随着竖向压力的变大而增大；在竖向压力不变的情况下，PVC 油膏含量越多，混合物的剪切模量就越小。

（2）沥青油膏—双飞粉混合物的剪切模量随剪应变增大而减小，在小应变时减小的幅度较大（曲线较陡），大应变时减小的幅度较小（曲线趋于平缓）。

（3）沥青油膏—双飞粉混合物的最大的动剪模量随着 PVC 油膏含量比例的增大而减小。在保证该混合物在钢筋—沥青隔震层中夏天不流淌、冬天不结硬的前提下，建议我国北方地区在配制沥青油膏—双飞粉混合物时取灰胶质量比为 0.2，南方地区取 0.3。

4.4.5　试验五：一种钢筋—沥青复合隔震层的性能

1. 隔震层构造组成与隔震机理

钢筋沥青隔震层设置在房屋底圈梁和基础之间，隔震层构造如图 4.4.40 所示。

隔震层中的竖向钢筋是整个隔震结构体系的重要受力部件。利用隔震层中竖向钢筋水平方向的弹性刚度较竖向的弹性刚度小很多的特点，使隔震层具有竖向承载力高而水平刚度小的性能，从而使结构的振动周期增大，达到较好的隔震效

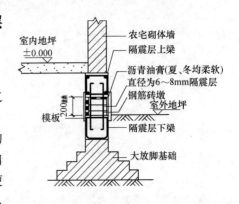

图 4.4.40　钢筋—沥青复合隔震层构造图

果。在地震发生时，主要通过隔震层竖向钢筋承受地震作用，提供竖向承载力、水平刚度和水平位移。在遭遇多遇地震作用时，隔震层内的竖向钢筋处于弹性状态，具有水平恢复力，因此，上部结构在隔震层以上是做弹性的水平往复振动。这时由于隔震层消耗了大量的地震能量，上部结构受到的地震作用很小，结构的破坏也微小，甚至只有弹性变形没有破坏，达到小震不坏的目的。当遭遇罕遇地震时，隔震层内的竖向钢筋屈服，当上部结构水平运动时，由于钢筋屈服，上部结构及钢筋混凝土上梁落在砖墩上继续滑动，达到大震不倒的目的。而沥青油膏则作为阻尼材料，填充在砖墩与砖墩、砖墩与隔震层上梁之间，消耗地震能量，此外，沥青油膏作为填充物，起到了很好的保护钢筋不被锈蚀的作用，沥青油膏应满足夏天不流淌，冬天不结硬的基本要求。

2. 试验成果及结果分析

（1）试验内容及方案设计

以刚体质量块代替刚度较大的砌体建筑物，在湖南大学结构防灾减灾试验室进行了振动台的模拟试验。设计隔震层高度为 200mm 和 300mm 的隔震层模型，在不同的地震波输入下进行了隔震层模型的减震试验研究。上部质量块质量为 5.4t，隔震层竖向钢筋为每米隔震层 20 根直径为 6mm 的 HRB400 钢筋，分 5 排布置，每排 4 根，竖向钢筋上下两端分别锚固在钢筋混凝土上梁和下梁内。隔震层模型如图 4.4.41 所示。

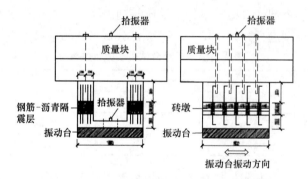

图 4.4.41　隔震层振动台试验模型示意图

试验中的加速度和位移测量均使用中国工程力学研究所的 941B 型拾振器，在振动台面和质量块顶部各布置 4 枚拾振器，分别记录台面运动方向的位移和加速度、垂直运动方向和竖向的加速度，如图 4.4.42 所示。试验中，首先对试验模型进行低幅白噪声扫频，以获取模型的自振频率、阻尼比等动力特性，然后，分级输入 3HZ 正弦波、EL-Centro 波和 Taft 波，同步采集隔震层底部和顶部的加速度、位移输入和输出。在各级地震波激振完成后，再进行低幅白噪声扫频，获取模型动力特性的变化。

（2）试验结果及分析

1）试验现象

试验中输入台面加速度峰值从 0.10g 开始逐级往上加，随着加速度峰值的加大，隔震层开始出现明显的肉眼可见的错动，这表明隔震层具有良好的减震效果。在加速度峰值较小的情况下，隔震层振后能较好地复位，这与隔震层设置的前提假定是一致的；当加速度峰值达到 0.40g 时，振后隔震层出现塑性变形，说明此时隔震层内竖向钢筋已屈服，由于砖墩的设置，隔震层仍具有一定的竖向承载能力。

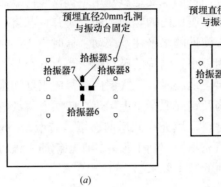
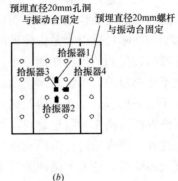

$$(a) \qquad\qquad\qquad (b)$$

图 4.4.42　拾振器布置示意图

（a）隔震层顶部拾振器布置图；（b）隔震层底部拾振器布置图

2）试验结果

各试验工况下的试验结果见表 4.4.9，并定义加速度折减系数 β_a 为：

$$\beta_a = \frac{\text{输入加速度最大值} - \text{输出加速度最大值}}{\text{输入加速度最大值}} \qquad (4.4.4)$$

为了获得隔震层模型的自振频率、阻尼比等动力特性，在试验过程中采用 $0.050g$ 白噪声对振动台试验模型进行扫频，用 DASP 软件分析得到的结果见表 4.4.9。

隔震层模型振动台试验动力特性参数　　　　　　　　　　　　　表 4.4.9

模型隔震层高度(mm)	自振频率（Hz）		阻尼比	
	振前	振后	振前	振后
200	2.8	2.4	0.258	0.283
300	2.12	2.03	0.242	0.264

隔震层模型自振频率和阻尼比在振前和振后略有差异，模型的自振频率在振后变低，而模型阻尼比在振后增加。这是因为在振动过程中由于隔震层竖向钢筋的往复运动与沥青油膏摩擦产生热量，沥青油膏随着温度的升高而软化，从而降低了模型的刚度。

从图 4.4.43 可以看出，输出的地震波频率比输入的地震波频率要低，说明布置钢筋－沥青隔震层后可以滤掉地震波中的高频成分，以降低上部结构在地震作用下的影响。

从表 4.4.10 可以看出，在不同加速度幅值地震波输入下，由于设置的隔震层吸收了大部分地震能量，质量块顶部加速度衰减了 40%～61%，具有较好的减震效果。在加速度幅值低于 $0.30g$ 以下时，隔震层钢筋处于弹性工作状态，在振后能自动复位。加速度衰减系数随台面输入加速度峰值的增大而整体上呈增大趋势，这可能是因为随着振动次数的增加，沥青油膏由于摩擦升温而软化，使隔震层刚度减小而阻尼比增大，从而导致加速度衰减系数的增大。台面输入地震波为 3Hz 正弦波时的加速度衰减系数，均比相应台面加速度输入峰值下的 EL-Centro 波和 Taft 波小，这是因为 3Hz 正弦波的频域较单一，而 EL-Centro 波和 Taft 波的频域较正弦波广，从而容易被滤掉高频成分的地震波使其加速度衰减系数比 3Hz 正弦波的高。隔震层上梁和下梁之间的相对位移随台面加速度幅值的增大而增加。

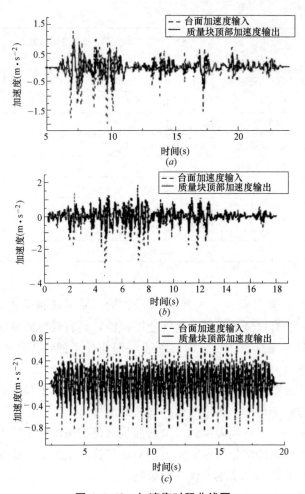

图 4.4.43 加速度时程曲线图

（a）EL-Centro 波；（b）Taft 波；（c）3Hz 正弦波

<table>
<tr><td colspan="5" align="center">加速度幅值对比</td><td align="right">表 4.4.10</td></tr>
</table>

隔震层高度（mm）	输入波	台面加速度幅值（m/s²）	质量块顶部加速度幅值（m/s²）	加速度折减系数
	3Hz 正弦波	1.01	0.58	0.43
	EL-Centro	0.96	0.48	0.50
	Taft	1.28	0.68	0.47
	3Hz 正弦波	2.12	1.19	0.44
	EL-Centro	1.98	0.84	0.58
	Taft	2.18	0.96	0.56
200	3Hz 正弦波	2.88	1.67	0.42
	EL-Centro	3.14	1.32	0.58
	Taft	3.13	1.4	0.55
	3Hz 正弦波	4.26	2.3	0.46
	EL-Centro	4.32	1.62	0.63
	Taft	4.14	1.64	0.60

隔震层高度 （mm）	输入波	台面加速度 幅值（m/s²）	质量块顶部加速 度幅值（m/s²）	加速度折 减系数
300	3Hz 正弦波	0.94	0.56	0.40
	EL-Centro	1.16	0.56	0.52
	Taft	1.04	0.57	0.45
	3Hz 正弦波	1.89	0.99	0.48
	EL-Centro	2.17	0.89	0.59
	Taft	2.13	0.93	0.56
	3Hz 正弦波	3.02	1.67	0.45
	EL-Centro	3.17	1.24	0.61
	Taft	3.1	1.3	0.58

3. 结语

（1）由于设置的隔震层吸收了大部分地震能量，质量块顶部加速度衰减了 40%～60%，设置隔震层后能有效降低上部结构加速度幅值，具有较好的减震效果。

（2）在加速度幅值在 0.30g 以下时，隔震层钢筋处于弹性工作范围内，在振后能自动复位，能较好地满足"小震不坏"的要求。

（3）加速度衰减系数随台面输入加速度峰值的增大而整体上呈增大趋势，隔震层上梁和下梁之间的相对位移随台面加速度幅值的增大而增加。

（4）由于采用钢筋—沥青隔震层后，地震能量只是被减小或不放大，而并不是消除建筑物的地震反应，未消除的部分其地震反应仍对建筑物产生影响。故在结构设计时，仍应采取相应的构造措施来减小剩余地震作用的影响。

4.4.6　试验六：砖砌体农居隔震试验研究

1. 钢筋—沥青复合隔震墩隔震技术

钢筋—沥青复合隔震墩由上、下钢筋混凝土墩、竖向隔震钢筋、侧向混凝土墩壁、缝隙间沥青油膏组成。采用预制形式，装配简便，避免了隔震层建造时的湿作业，并且由于价格低廉、取材方便、施工便捷以及良好的耐久性等优点，非常适合于我国广大农村地区。

隔震墩构造如图 4.4.44 所示，其隔震钢筋净高度为 200～300mm，隔震钢筋为主要的受力构件，其总水平刚度较小，可延长上部结构的水平自振周期，且具有较好的弹性恢复特性。在正常使用状态下主要承受上部结构的竖向荷载，在小震情况下，钢筋处于弹性状态且具有恢复力，同时承受水平地震作用，变形主要集中在隔震支座上，上部结构作水平往复运动，所受到的地震作用很小，甚至只有弹性变形运动，大大减小地震对结构的影响，达到"小震不坏"的目的。当隔震钢筋在弹性工作范围内时，由于墩臂与上墩块之间有 5～10mm 的间隙，墩臂并未与上部结构直接接触，此时不承受上部结构的荷载。在罕遇地震作用下，隔震钢筋屈服产生较大的水平侧移引起隔震墩高度降低，上墩块连同上部结构会落在墩臂上继续滑动，达到"大震不倒"的目的。此时由墩臂承受上部结构的竖向

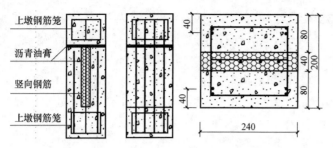

图 4.4.44 隔震墩结构示意图

荷载,并限制了钢筋水平位移的持续增大。图示墩臂之间所填充的包裹沥青油膏,其主要作用是防止隔震钢筋生锈,并不承受任何荷载。而墩臂与上墩快之间的层间沥青油膏是为了保证罕遇地震时,上部结构落在墩臂上时可继续滑动,耗散地震能量。试验证明,沥青油膏可提供一定的阻尼,增强隔震墩的耗能能力。

2. 足尺寸农居砌体模型房屋减震测验

(1)试验目的

通过足尺寸的砌体模型试验测试该新型隔震墩的减震性能,并验证隔震钢筋设计方法的可行性及安全性。

(2)足尺寸砌体房屋的设计

本次试验在湖南大学结构试验室进行,根据试验室条件,本次试验采用二层单开间1:1砌体房屋模型,模型尺寸平面为 4.2m×3.0m,层高 2.8m。砌体模型的建筑平面图如图 4.4.45 所示。试验仪器采用湖南大学结构试验室电液伺服脉动疲劳试验机,为减小侧向抗力使模型易于起振,采用双层隔震墩布置法,试验示意图如图 4.4.46 所示。

房屋采用 MU10 烧结普通砖,砂浆采用强度等级为 M1.0 的混合砂浆,墙体为240mm 厚墙,楼面板及屋面板均采用吊装预制空心平板,不设置圈梁及构造柱。

(3)钢筋沥青隔震墩设计与制作

竖向隔震钢筋是隔震墩的最主要受力构件,设计时采用考虑地震作用与上部结构重力共同作用的钢筋强度和钢筋竖向稳定性两个指标来控制。忽略墩臂的承载能力影响以及沥青油膏对隔震墩水平刚度和阻尼的影响。混凝土墩壁及墩块设计简单,只需要承载力大于上部结构荷载的设计值并配置必要的构造钢筋即可。

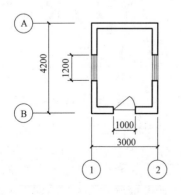

图 4.4.45 模型平面图

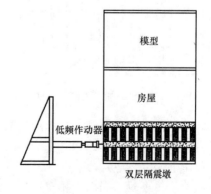

图 4.4.46 试验示意图

本试验的隔震墩设计以 7 度地区抗震设防为计算依据，选取隔震墩的尺寸为 200mm×240mm×600mm，隔震墩两侧的混凝土墩壁各 75mm 宽，中间空隙 40mm。隔震墩所用混凝土均为 C30，混凝土竖向钢筋的自由长度为 300mm，采用直径为 8mm 的 HRB400 级钢筋。上层隔震墩所需竖向钢筋的数量为 110 根，下层隔震墩所需竖向钢筋的数量为 130 根。墙下隔震墩均匀布置，间距为 200mm，转角处集中布置。隔震墩平面布置如图 4.4.47 所示。

（4）试验加载方案及测点布置

本次试验加载采用位移控制形式的正弦波形，作动器输入单边控制幅值为 5～15mm，逐级加大，频率为 1～3Hz。量测系统采用中国地震局工程力学研究所研制的 941-B 型拾振器，数据采集系统采用北京东方振动和噪声技术研究所研制的 941-B 型放大器、采集仪和 DASP 信号分析系统。

图 4.4.47　隔震墩实物布置图

分别在起振层、各层楼面及屋面处各放置 2 枚 941-B 型拾振器，实时记录试验过程中作动器振动方向的加速度反应和位移反应。

3. 试验过程及结果分析

（1）试验现象

本次试验通过采用位移控制的正弦波形作为输入加载波形，波形频率分别选择频率 1～3Hz，并采用逐级加大位移单边幅值的形式得到不同加速度反应工况，以满足 7 度抗震设防对应的小震、中震、大震的要求。

起振层测量的台面加速度时程曲线与台面位移时程曲线分别如图 4.4.48 和图 4.4.49 所示，部分控制加载值与实测值见表 4.4.11。由以上图表可知，起振层的波形频率与作动器的输出波形频率大体一致，但是由于作动器的控制精度限制，其位移幅值较控制输出幅值偏小，台面加速度反应随着加载频率及位移幅值的增大而增大。

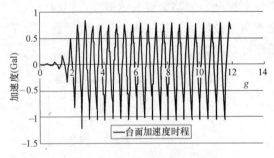

图 4.4.48　台面加速度时程曲线示例

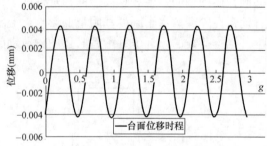

图 4.4.49　台面位移时程曲线示例

试验加载时房屋模型与上部隔震墩一起受迫运动，受试验仪器限制，本次试验起振层测量的最大加速度反应约为 0.4g。当起振层加速度峰值低于 0.3g 时（相当于 7 度设防的罕遇地震加速度反应），隔震墩均能很好地弹性复位，说明隔震钢筋仍处于弹性阶段。当台面加速度较小时，隔震墩相对错动轻微。随着输入加速度峰值的增大，结构反应也随之加剧，隔震墩相对错动增大，沥青油膏被挤出，手触可以感觉到油膏温度的明显上升，这是由于隔震钢筋水平往复摆动会搅动两墩臂间沥青油膏，摩擦产生的热量使油膏发热变软。

试验结束后，下部隔震墩墩块与墩壁之间发生的整体错动较大，这是由于试验时下部隔震墩直接与加载装置相连，使下部隔震墩产生较大的塑性变形。但它仍可支撑上部结构，这与设计设想一致，即隔震墩屈服后不会发生整体倾覆致使上部房屋倒塌。

部分控制加载值与实测值 表 4.4.11

加载工况	起振层位移峰值(mm)	起振层加速度峰值(Gal)	一层楼面位移峰值(mm)	一层楼面加速度峰值(Gal)	加速度折减系数	位移放大系数
1—6	3.3	86	6.8	41	0.48	2.06
2—6	1.6	96	1.1	21	0.22	0.69
3—6	1.3	132	0.5	22	0.17	0.38
1—8	4	138	8.6	71	0.51	2.15
2—8	2.9	153	2	35	0.23	0.69
3—8	2	156	0.8	30	0.19	0.40
1—10	5.7	230	12.3	122	0.53	2.16
2—10	4	250	2.7	57	0.23	0.68
3—10	2.7	233	1.1	42	0.18	0.41
1—12	6	342	14.7	206	0.60	2.45
2—12	4.6	352	3.3	88	0.25	0.72
3—12	3.4	358	1.3	74	0.21	0.38
1—15	6.5	370	16.3	225	0.61	2.51
2—15	5	393	3.4	100	0.25	0.68
3—15	4	412	1.4	90	0.22	0.35

注：加载工况编号注明：加载频率—作动器输入单边位移幅值。

（2）试验结果

为方便对比，定义位移放大系数为：

$$\varphi = \frac{一层楼面位移峰值}{起振层楼面位移峰值} \qquad (4.4.5)$$

定义加速度折减系数：$\beta = \alpha 1 / \alpha 2$，$\alpha 1$ 为起振层实测最大加速度，$\alpha 2$ 为隔震后一层楼面实测最大加速度。此时减震系数 β 越小，代表隔震效果越明显。

由图 4.4.50、图 4.4.51 可知：1）隔震墩按 7 度地震作用设计，在设计范围内，隔震墩加速度折减系数在 0.15～0.53 之间，具有理想的隔震效果。位移放大系数在加载频率为 1Hz 时比较稳定，在 2.0～2.5 之间。这是由于隔震墩竖向钢筋承受上部竖向荷载，在竖向钢筋侧移的情况下，产生越来越大的 $P\text{-}\Delta$ 效应。2）当加速度峰值大于 0.3g 时，随着输入加速度的提高，隔震钢筋屈服，出现部分不可恢复变形，刚度增大，减震效果降低，对应图中减震系数上升段。3）加载波形频率为 2Hz 和 3Hz 时，加速度折减系数及位移放大系数明显减小，且试验过程中模型的反应及隔震墩相对错动也明显小于频率为 1Hz 时的相应加载，说明钢筋—沥青复合隔震墩对高频波形的过滤效果比较明显。地震时可以滤掉地震波中的高频成分，从而达到降低上部结构在地震作用下的加速度响应的目的。

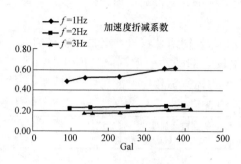

图 4.4.50　加速度折减系数

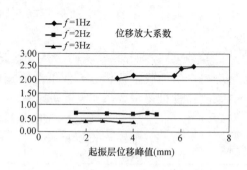

图 4.4.51　位移放大系数

4. 结论

（1）试验表明，由于设置钢筋—沥青复合隔震墩，隔震后能有效降低上部结构加速度幅值，具有较好的减震效果。隔震墩竖向钢筋在起振层加速度峰值低于 $0.3g$ 时保持弹性工作，可以较好地复位。

（2）隔震墩墩块与墩壁之间发生整体错动变形，隔震墩产生塑性变形后仍可承受上部结构荷载，不会致使上部房屋倾覆倒塌。

（3）试验中沥青油膏发热软化可耗散部分地震能量，但设计时并未考虑沥青油膏的阻尼作用。包裹隔震层竖向钢筋的防锈沥青被挤出后，竖向钢筋并未暴露，仍可起到保护钢筋防止钢筋生锈的作用。试验结果表明防锈沥青材料的耐久性要高于环氧树脂材料，即老化时间至少 5 年。如何在设计过程中考虑沥青油膏对隔震墩的抗震性能的影响及其耐久性问题将在以后进一步研究。

（4）本次试验模型设计时未采用相应的抗震构造措施，试验中房屋的工作性能均满足抗震设防烈度 7 度对应的小震、中震、大震的要求。表明隔震后的上部结构可降低相应抗震构造措施，将上部结构降低相应抗震构造措施时节省的资金用于这种新型的隔震层，基本不增加房屋整体造价，相对于二至三层房屋时经济效益尤为明显。加上隔震墩具有构造简单、安装方便的特点，如果适当选择隔震墩隔震钢筋，设计其抗侧刚度，该隔震支座适用于不同抗震设防烈度的地区，特别适合于在广大农村地区推广应用。

4.5　钢筋—沥青隔震层设计

4.5.1　钢筋—沥青隔震结构计算

1. 钢筋沥青隔震结构竖向钢筋根数的确定应根据稳定计算和强度计算结果的最不利情况判定。一般取这两种计算结果的大者为最后结果。

2. 水平向隔震结构竖向钢筋强度应满足式（4.5.1）的要求：

基本荷载组合验算

$$\frac{4N}{n\pi d^2} \leqslant f_y \qquad\qquad (4.5.1a)$$

地震作用组合验算

130

$$\gamma_{Eh}\frac{16S_{Ehk}h}{n\pi d^3}+\frac{4N_E}{n\pi d^2}\leqslant f_y/\gamma_{RE} \tag{4.5.1b}$$

式中 f_y——隔震竖向钢筋抗压强度设计值，当钢筋强度设计值大于 500MPa 时，取 500MPa；

n——计算单元内隔震竖向钢筋根数；

d——计算单元内隔震竖向钢筋直径；

h——隔震结构有效高度，隔震层从上梁底到下梁顶的高度，隔震墩从上墩底到下墩顶的高度；

N——计算单元内上部结构重力荷载设计值，由式（4.5.2a）确定；

N_E——计算单元内考虑地震作用时上部结构重力荷载设计值，由式（4.5.2b）确定；

S_{Ehk}——水平地震作用标准值的效应；

γ_{Eh}——水平地震作用分项系数，应按表 4.5.1 采用；

γ_{RE}——承载力抗震调整系数，对隔震结构竖向钢筋取 0.75。

地震作用分项系数		表 4.5.1
地震作用	γ_{Eh}	γ_{Ev}
仅计算水平地震作用	1.3	0.0
仅计算竖向地震作用	0.0	1.3
同时计算水平与竖向地震作用(水平地震为主)	1.3	0.5
同时计算水平与竖向地震作用(竖向地震为主)	0.5	1.3

当式（4.5.1）满足时，说明隔震结构竖向钢筋根数满足强度要求；若式（4.5.1）不满足，则增加隔震结构竖向钢筋根数 n 再进行计算，直至式（4.5.1）满足。

3. 地震作用下隔震结构竖向钢筋的稳定验算

（1）上部结构重力荷载设计值可按下式计算：

基本荷载组合

$$N=\gamma_G N_G+\gamma_Q N_Q+\gamma_w N_w \tag{4.5.2a}$$

地震作用组合

$$N_E=\gamma_{GE}S_{GE}+\gamma_{Ev}S_{Evk} \tag{4.5.2b}$$

式中：γ_G——永久荷载分项系数，取 1.2；

N_G——永久荷载产生的隔震竖向钢筋的轴压力标准值；

γ_Q——可变荷载分项系数，取 1.4；

N_Q——可变荷载产生的隔震竖向钢筋的轴压力标准值；

γ_w——风荷载分项系数，取 1.4；

N_w——风荷载在隔震结构竖向钢筋上产生的轴力标准值；

γ_{GE}——重力荷载分项系数，验算强度时取 1.2，验算稳定时取 1.0；

γ_{Ev}——竖向地震作用分项系数，应按表 4.5.1 采用；

S_{GE}——重力荷载代表值的效应；

S_{Evk}——竖向地震作用标准值的效应，距岩层断裂带 10km 以内的隔震建筑考虑竖向地震作用。

（2）按稳定计算隔震结构竖向钢筋承受的考虑地震作用时上部结构重力荷载设计值应满足下式要求：

$$\frac{N_E}{n} < \frac{A\eta\left(\frac{h}{360}\right)^3}{\left(\frac{1}{10} \times \frac{h}{d}\right)^{B \cdot \zeta}} \tag{4.5.3}$$

$$\zeta = \left(\frac{h}{360}\right)^{\frac{1}{3}} \tag{4.5.4}$$

$$\eta = \frac{f_y}{f_{y,\text{HRB500}}} \tag{4.5.5}$$

式中：d——计算单元内隔震竖向钢筋直径，不宜超过 20mm；

A、B——稳定计算系数（为无量纲数），应按表 4.5.2 采用；

ζ——塑性系数（为无量纲数）；

η——钢筋强度影响系数（为无量纲数）；

$f_{y,\text{HRB500}}$——HRB500 钢筋抗压强度设计值（MPa）（f_y 取值不宜大于 $f_{y,\text{HRB500}}$）。

稳定计算参数　　　　　　　　　　　　表 4.5.2

地震影响	6 度	7 度	8 度
A	580	260(140)	100(70)
B	3.64	3.27(3.07)	2.96(2.95)

注：括号中数值分别用于设计基本加速度为 0.15g 和 0.30g 的地区。

4.5.2 隔震结构参数计算

1. 隔震结构水平刚度

当钢筋数量满足隔震结构竖向钢筋承载力要求和竖向钢筋稳定要求时，隔震结构水平刚度为：

$$K_h = \sum_{i=1}^{j} \frac{3\pi n_i E_s d_i^4}{16h^3} \tag{4.5.6}$$

式中：K_h——隔震结构水平刚度；

E_s——隔震竖向钢筋弹性模量；

d_i——第 i 种隔震竖向钢筋的直径；

j——隔震结构中隔震竖向钢筋的种类数；

n_i——直径为 d_i 的隔震竖向钢筋根数。

2. 水平隔震体系周期

砌体结构及与其基本周期相当的结构，水平隔震后体系的基本周期可按下式计算：

$$T_1 = 2\pi\sqrt{\frac{G_E}{K_h g}} \tag{4.5.7}$$

式中：T_1——设置隔震结构的房屋的基本周期；

G_E——上部结构重力荷载代表值；

K_h——隔震结构水平刚度；

g——重力加速度。

3. 减震系数

水平减震系数 β 为：

$$\beta = \frac{F'_{Ek}}{F_{Ek}} \tag{4.5.8}$$

式中：β——水平减震系数；

F_{Ek}——未设置隔震结构的房屋上部结构底部在多遇地震作用时的水平地震作用标准值；

F'_{Ek}——设置隔震结构的房屋上部结构底部在多遇地震作用时的水平地震作用标准值。

4. 隔震结构在多遇地震时的水平地震作用

隔震结构在多遇地震时水平地震作用可按下式计算：

隔震后房屋上部结构底部总剪力：

$$F'_{Ek} = \alpha_1 G_{eq} \tag{4.5.9}$$

隔震后各楼层处水平地震力：

$$F_i = \frac{G_i}{\sum\limits_{j=1}^{n} G_j} F'_{Ek} \tag{4.5.10}$$

式中：α_1——设置隔震结构的房屋多遇地震烈度下水平地震影响系数，根据隔震后房屋的基本周期查《建筑抗震设计规范》GB 50011—2010 得到。

G_{eq}——上部结构等效总重力荷载，对于单层房屋，取 $G_{eq} = G_E$；对于多层房屋，取 $G_{eq} = 0.85 G_E$。

F_i——质点 i 的水平地震作用标准值。

G_i、G_j——分别为集中于质点 i、j 的重力荷载代表值。

设置隔震结构时，房屋上部结构底部总水平地震作用 F'_{Ek} 小于非隔震房屋按 6 度计算的总水平地震作用时，取非隔震房屋 6 度计算的总水平地震作用。

4.5.3 地震作用下位移验算

1. 多遇地震作用下隔震结构的水平位移应满足：

$$\Delta \leqslant \Delta_{emax} \tag{4.5.11}$$

$$\Delta_{emax} = 0.8 \frac{f_y W h^2}{6 E_s I} \tag{4.5.12}$$

式中：f_y——隔震竖向钢筋抗压强度设计值；

W——钢筋截面受弯弹性抵抗矩；

I——隔震竖向钢筋的截面惯性矩；

Δ——多遇地震作用下隔震结构的位移值；

Δ_{emax}——多遇地震作用下隔震结构的容许位移。

2. 罕遇地震作用下隔震结构的水平位移应满足：

$$u \leqslant u_m \tag{4.5.13}$$

$$u_m = n_u \Delta_{emax} \tag{4.5.14}$$

式中：u——罕遇地震作用下隔震结构位移；

u_m——罕遇地震作用下隔震结构的容许位移；

$$n_u = \frac{\varepsilon_{su}}{\varepsilon_{se}} \tag{4.5.15}$$

$$\varepsilon_{se} = \frac{f_y}{E_s} \tag{4.5.16}$$

式中：ε_{su}——隔震竖向钢筋屈服应变极限值，按《混凝土结构设计规范》GB 50010—2010 取 0.01；

ε_{se}——隔震竖向钢筋弹性应变最大值；

n_u——隔震竖向钢筋屈服应变极限值与弹性应变最大值的比值。

3. 罕遇地震作用下隔震结构水平地震作用按下式计算：

$$F''_{Ek} = \alpha_2 G_{eq} \tag{4.5.17}$$

式中：F''_{Ek}——设置隔震结构的房屋在罕遇地震时上部结构底部的水平地震作用标准值；

α_2——设置隔震结构的房屋罕遇地震烈度下水平地震影响系数。

4. 罕遇地震作用下隔震结构水平位移可按下式计算：

$$u = \lambda_s \frac{1.05 F''_{EK}}{K_h} \tag{4.5.18}$$

式中：λ_s——近场系数，距发震断层 10km 以外时，可取 1.0，距发震断层 10km 以内时，可取 1.25；

K_h——隔震结构水平刚度。

4.5.4 震中区竖向隔震设计要求

（1）距发震断层 10km 内的建筑宜采用竖向、横向三维隔震墩。

（2）三维隔震结构的设计应考虑结构横向、竖向动力特性。

4.6 低成本基础隔震结构案例

下面以长沙市莲花镇一栋农民隔震房建造为例，说明"钢筋—沥青隔震房"施工过程（见图 4.6.1～图 4.6.14）。

图 4.6.1 隔震房的地基测量

图 4.6.2 隔震房的基础放线

图 4.6.3 隔震层中的砖磴

图 4.6.4 隔震层中的沥青油膏

图 4.6.5 隔震房下水管软接头

图 4.6.6 隔震房上水管软接头

图 4.6.7 主体结构之间防撞缝

图 4.6.8 隔震房空斗墙及楼盖

图 4.6.9 即将竣工的隔震房屋

图 4.6.10 隔震农房西北面

135

图 4.6.11　新建成的隔震农房

图 4.6.12　利用隔震层做地下室采光窗

图 4.6.13　动测减震系数

图 4.6.14　人工激振测减震系数

实测减震系数：

X 方向减震系数：0.61；Y 方向减震系数：0.59。

实际上，减震系数可做到 0.3～0.5，考虑到长沙地区设防烈度为 6 度，加速度可降低 40%，因此设防烈度接近 5 度。建议将减震系数设到 0.6 左右为宜，此时房屋主体造价与传统房屋相差不大。

第5章 外围护节能墙体体系与案例

现浇金属尾矿多孔混凝土复合墙体是集佳绿色建筑科技有限公司自主研制成功的新型节能外围护墙体体系，它解决了传统墙体存在的施工步骤复杂、施工效率较低，隔音隔热效果较差等问题。现浇金属尾矿多孔混凝土复合墙体是采取新的施工工艺，使用十字槽沉头自钻自攻螺钉将纤维水泥平板固定在金属龙骨的两侧构成墙体骨架，内部采用智能连续灌注机浇筑尾矿粉等工业废物、水泥以及企业独制的复配添加剂组成的料浆，通过化学发泡技术制成的一次成型保温复合墙体，简称复合墙体；该墙体具有防火（A级）、保温、轻质、抗震、隔音、环保、利废、耐久性好、施工速度快等特点，保温节能效果突出，适应性好，适用于工业与民用建筑的内外填充墙体，尤其适用北方寒冷、严寒地区建筑。

5.1 现浇金属尾矿多孔混凝土复合墙体体系

5.1.1 基本构造

复合墙体可分为格构式龙骨柱和实腹式龙骨柱两种形式（见图5.1.1）。

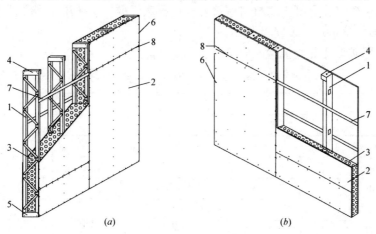

图5.1.1 复合墙体基本构造

（a）格构式龙骨柱；（b）实腹式龙骨柱

1—龙骨柱；2—面板；3—金属尾矿多孔混凝土芯材；4—上支座板；
5—下支座板；6—螺钉；7—钢带；8—水平接缝

5.1.2 复合墙体物理力学性能

复合墙体物理力学性能见表5.1.1。

复合外墙物理力学性能   表 5.1.1

检测项目		墙体厚度		
		200mm	240mm	300mm
抗压强度(MPa)		≥5.0		
抗弯承载(板自重倍数)		≥2.5		
面密度(kg/m²)		85~105	100~120	125~150
吸水率(%)		≤10		
抗冲击性能(J)		摆锤冲击强度≥10		
吊挂力		荷载1000N静置24h,板面无超过0.5mm的裂缝		
抗冻性	质量损失(%)	≤5		
	强度损失(%)	≤20		
传热系数[W/(m²·K)]		≤0.4	≤0.35	≤0.3
空气声计权隔声量(dB)		≥45	≥50	≥55
耐火极限(h)		≥3.5		

5.1.3 复合墙体材料要求

(1) 复合墙体内不应含有石棉纤维、未经防腐和防虫蛀处理的植物纤维,并应符合现行国家标准《民用建筑工程室内环境污染控制规范》GB 50325—2010 和《建筑材料放射性核素限量》GB 6566—2010 的规定。

(2) 金属尾矿多孔混凝土原材料应符合现行国家标准《金属尾矿多孔混凝土夹芯系统复合墙板》GB/T 33600—2017 的规定。

(3) 金属尾矿多孔混凝土性能应符合表 5.1.2 的规定。

金属尾矿多孔混凝土性能   表 5.1.2

项目	指标		检验方法
	内墙	外墙	
表观密度(kg/m³)	400~500	300~400	JG/T 266
抗压强度(MPa)	≥1.5	≥1.0	JG/T 266
抗拉强度(MPa)	≥0.10		JGJ 144
拉伸粘结强度(MPa)	≥0.10		JGJ 144
干燥收缩值(%)	≤0.9		GB/T 11969
导热系数[W/(m·K)]	≤0.080	≤0.075	GB/T 10294
燃烧性能	A级		GB 8624

(4) 龙骨材料应符合现行国家标准《连续热镀锌钢板及钢带》GB/T 2518—2008 的规定,质量应符合现行国家标准《建筑用轻钢龙骨》GB/T 11981—2008 的规定。

(5) 缀板、钢带、连接件钢材宜采用建筑常用低碳钢材,并应符合现行国家标准《碳素结构钢》GB/T 700—2006 和《低合金高强度结构钢》GB/T 1591—2008 的规定。

(6) 固定面板螺钉应符合现行国家标准《十字槽沉头自钻自攻螺钉》GB/T

15856.2—2002 的规定。

（7）复合墙体外墙外侧面板物理性能及力学性能应符合现行行业标准《外墙用非承重纤维增强水泥板》JG/T 396—2012 的规定。

（8）复合墙体外墙内侧面板、内墙面板的物理性能及力学性能应符合现行行业标准《纤维水泥平板 第 1 部分：无石棉纤维水泥平板》JC/T 412.1—2006 的规定。

5.1.4 复合墙体建筑构造措施

（1）实腹式龙骨柱（除边龙骨柱、附加龙骨柱外）应设置浆料流动孔，孔的宽度不应大于龙骨柱截面高度的 1/2，且不应大于 50mm；孔的高度不宜大于 80mm；孔的中心线应与龙骨柱截面中心线重合，孔的中心距宜为 600mm，端部孔的中心与上下支座的距离宜为 300mm；应机械成孔，不得采用电焊或气焊烧孔。

（2）复合墙体龙骨柱（见图 5.1.2）柱肢的缀板应位于同一平面；缀板的厚度不应小于柱肢壁厚的 1.5 倍，宽度不应小于 75mm；缀板布置宜上下对称；缀板与柱肢的夹角宜为 30°～60°，且应保持一致；相邻缀板的近端净距不宜大于 200mm；缀板与柱肢应采用规格 ST5.5 螺钉连接，缀板与柱肢连接部位应设 2 个螺钉，并应布置在缀板的中心线上；柱的上下端应各设置两块缀板，其与柱肢连接部位应设 4 个螺钉，并沿缀板中心线双排对称布置；螺钉距钢板边的尺寸不应小于 2 倍螺钉直径，中心距不应小于 2.5 倍的螺钉直径。

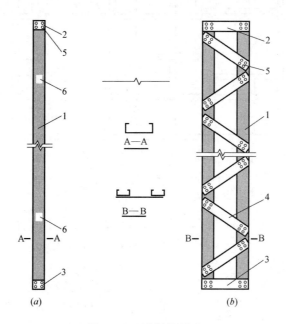

图 5.1.2 龙骨柱形式

（a）实腹式龙骨柱；（b）格构式龙骨柱

1—竖龙骨；2—上支座板；3—下支座板；4—缀板；5—螺钉；6—浆料流动孔

（3）实腹式龙骨柱上下支座板（见图 5.1.3）壁厚不应小于 1.0mm，格构式龙骨柱上下支座板壁厚不应小于 1.2mm；支座板与龙骨柱连接宜采用 ST5.5 螺钉，且一端不应少于 4 个；下支座板中部应设螺栓孔，孔径应比膨胀螺栓直径大 2mm，且不得小于 10mm；

上支座板中部应设条形螺栓孔，两端为半圆形，直径比膨胀螺栓直径大 2mm，且不得小于 10mm，孔中心距宜为 20mm。

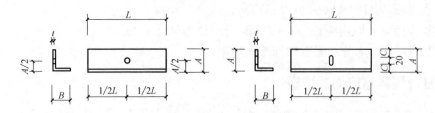

图 5.1.3 支座板示意图

L—长度；*A*—与主体结构连接的肢宽；*B*—与龙骨柱连接的肢宽；
C—条形螺栓孔距板边的净距；*t*—厚度

（4）龙骨架体应由龙骨柱、钢带以及龙骨窗台梁和龙骨过梁利用连接件拼接而成（见图 5.1.4），龙骨柱沿墙体长度方向宜等距离布置，龙骨间距应与面板规格匹配，且不应大于 600mm；门窗洞口两侧应设附加龙骨柱，门窗洞口上下应设置龙骨过梁及龙骨窗台梁；龙骨过梁及龙骨窗台梁应固定在附加龙骨柱上；附加龙骨柱和龙骨过梁及龙骨窗台梁的开口应背向洞口；龙骨柱之间及龙骨柱与附加龙骨柱之间均应采用钢带连接，龙骨与钢带之间应采用螺钉连接。

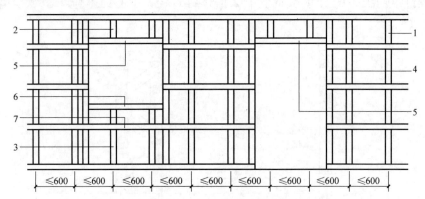

图 5.1.4 龙骨架体基本构造

1—龙骨柱；2—洞上龙骨柱；3—洞下龙骨柱；4—附加龙骨柱；5—龙骨过梁；6—龙骨窗台梁；7—钢带

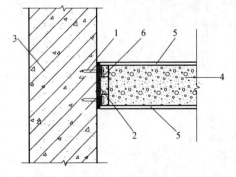

图 5.1.5 复合墙体与主体墙或柱连接示意图

1—射钉；2—龙骨固定件；3—主体墙或柱；
4—芯材；5—面板；6—柔性材料

（5）复合墙体与主体墙或柱应采用柔性连接，可预设龙骨固定件，龙骨固定件宜采用射钉与主体结构固定连接，龙骨固定件应符合现行国家标准《建筑用轻钢龙骨》GB/T 11981—2008 的规定，射钉应符合现行国家标准《射钉》GB/T 18981—2008 的规定；墙端与主体墙或柱之间应设 20mm 缝隙，缝内填充材料可采用燃烧性为 B1 级的 EPS 板或 XPS 板，缝隙端部应采用密封胶封缝（见图 5.1.5）。

（6）当复合墙体底部与主体结构连接时，可预设置下支座板，下支座板宜采用膨胀螺栓与主体结构固定连接（见图 5.1.6）。

（7）当复合墙体顶部与主体结构连接时，可预设上支座板，上支座板宜采用膨胀螺栓与主体结构滑动连接（见图 5.1.7）；墙顶与梁底之间应设 20mm 缝隙，缝隙内填充柔性材料。

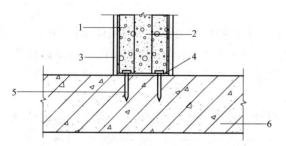 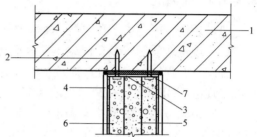

图 5.1.6　复合墙体底部连接示意图

1—龙骨；2—芯材；3—面板；

4—下支座板；5—膨胀螺栓；6—主体结构

图 5.1.7　复合墙体顶部连接示意图

1—主体结构；2—膨胀螺栓；3—上支座板；

4—面板；5—芯材；6—龙骨；7—柔性材料

（8）当复合墙体高度超过 4.5m 时，应在复合墙体半高处设置与建筑主体结构连接且沿复合墙体全长贯通的钢筋混凝土现浇带，现浇带应与复合墙体同宽，截面高度宜为 200mm，水平方向应配置 4 根直径不小于 12mm 的钢筋，箍筋直径不宜小于 8mm，箍筋间距不宜大于 200mm；当复合墙体连续长度超过 12m 时，应设置伸缩缝。

（9）面板应采用十字槽沉头自钻自攻螺钉与龙骨柱、钢带固定，螺钉不应小于 ST4.2；螺钉距面板侧边宜为 10～15mm，距上下板端宜为 15～20mm；面板边部螺钉间距不大于 150mm，其他部位不大于 200mm；螺钉应沉入面板表面 0.5～1.0mm。

（10）同一龙骨柱两侧不得同时出现竖向接缝，两侧面板及同侧面板的水平接缝应错开 200mm 及以上；接缝的宽度宜为 3～5mm，高度差不应大于 1.5mm，缝内应采用弹性密封胶塞填密实；外墙外侧面板连接处应采用密封胶嵌缝；接缝部位应进行防裂处理；阴阳角处的接缝宜设护角。

（11）当复合墙体内预埋水电管线时，水电管线与线盒应与轻钢龙骨连接牢固。

（12）当复合墙体预埋的水管、电箱、柜等开洞处与竖龙骨位置冲突时，应调整竖龙骨布置，不得切断龙骨。

5.1.5　复合墙体节能设计

（1）复合墙体的传热系数 K 值和热惰性指标 D 值应按现行国家标准《民用建筑热工设计规范》GB 50176—2016 规定计算。

（2）居住建筑复合墙体的平均传热系数应按现行行业标准《严寒和寒冷地区居住建筑节能设计标准》JGJ 26—2010、《夏热冬暖地区居住建筑节能设计标准》JGJ 75—2012 和《夏热冬冷地区居住建筑节能设计标准》JGJ 134—2010 计算；公共建筑的平均传热系数应按现行国家标准《公共建筑节能设计标准》GB 50189—2015 计算。

（3）在严寒、寒冷和夏热冬冷地区，与现浇金属尾矿多孔混凝土复合墙体连接的钢筋混凝土梁、柱等热桥部位外侧，应进行断桥处理。

5.2 复合墙体结构设计

5.2.1 一般规定

（1）现浇金属尾矿多孔混凝土复合墙体的安全等级和使用年限应与主体结构相同。

（2）现浇金属尾矿多孔混凝土复合墙体及其连接除应按本章要求进行结构设计计算外，并应符合现行国家标准《建筑抗震设计规范》GB 50011—2010 和《冷弯薄壁型钢结构技术规范》GB 50018—2002 的有关规定。

（3）现浇金属尾矿多孔混凝土复合墙体设计应符合现行国家标准《砌体结构设计规范》GB 50003—2011 中夹芯墙的有关规定。

（4）当现浇金属尾矿多孔混凝土复合墙体结构设计计算时，不计入分担主体结构承受的荷载和作用，只计入承受直接施加于其上的荷载和作用。

（5）现浇金属尾矿多孔混凝土复合墙体及其连接的受力计算，应包括下列效应及其组合：1）自重及悬挂荷载效应；2）风荷载效应；3）地震作用效应。

（6）在结构设计说明中，应明确龙骨柱及连接构件钢材质量等级要求，钢板厚度不得出现负偏差。

5.2.2 荷载与作用效应

（1）复合墙体自重荷载标准值采用应符合现行国家标准《建筑结构荷载规范》GB 50009—2012 的有关规定。

（2）效应组合设计值应符合下列规定：

1）无地震作用组合时应按下式计算：

$$S_d = \gamma_G S_{Gk} + \gamma_w S_{wk} \tag{5.2.1}$$

式中：S_d——无地震作用效应组合的设计值；

　　　γ_G——重力荷载分项系数，取 1.2；

　　　γ_w——风荷载分项系数，取 1.4；

　　　S_{Gk}——重力荷载标准值的效应；

　　　S_{wk}——风荷载标准值的效应。

2）有地震作用组合时应分别按下列公式计算并取最大值：

$$S_E = \gamma_G S_{Gk} + \gamma_{Eh} S_{Ehk} + 0.6\gamma_w S_{wk} \tag{5.2.2}$$

或

$$S_E = \gamma_G S_{Gk} + 0.6\gamma_{Eh} S_{Ehk} + \gamma_w S_{wk} \tag{5.2.3}$$

式中：S_E——地震作用效应组合的设计值；

　　　γ_{Eh}——水平地震作用分项系数，取 1.3；

　　　S_{Ehk}——水平地震作用标准值的效应。

（3）作为外墙的复合墙体墙面上的风荷载标准值应按现行国家标准《建筑结构荷载规范》GB 50009—2012 计算，且不应小于 $1.0 kN/m^2$。内墙可不考虑风荷载。

（4）复合墙体自重产生的水平地震作用标准值应按下式计算：

$$F_{Ek} = 2.5\alpha_{max}G \tag{5.2.4}$$

式中：F_{Ek}——垂直于墙体平面方向的水平地震作用标准值；

  α_{max}——水平地震影响系数最大值，按现行国家标准《建筑抗震设计规范》GB 50011—2010 确定；

  G——复合墙体的重力荷载标准值。

5.2.3 承载力验算

（1）复合墙体承载力验算应符合下列规定：

1）应仅承受龙骨、面板、抹灰层、饰面层和芯材的自重荷载以及吊顶、管线、天窗、风帽等悬挂或建筑设施的附属荷载；

2）应计入垂直于墙体平面方向的水平风荷载和水平地震作用；

3）水平风荷载和水平地震作用产生的内力应由龙骨柱承担，与主体结构连接处的剪力应由连接件承担；

4）复合墙体宜按上下端与主体结构铰接的单向板设计；

5）可不计楼层相对水平位移的影响，可不进行复合墙体的挠度计算。

（2）复合墙体高厚比应按下列公式验算：

$$\beta \leqslant \mu_1 \mu_2 [\beta] \quad \text{且} \quad \beta = \frac{H_0}{h} \tag{5.2.5}$$

$$1 \geqslant \mu_2 = 1 - 0.4 \frac{b}{L} \geqslant 0.7 \tag{5.2.6}$$

式中：β——高厚比；

  H_0——墙体的计算高度，取墙体高度；

  h——墙厚；

  μ_1——非承重墙允许高厚比修正系数；

  μ_2——有门窗洞口墙允许高厚比修正系数；

  L——墙长；

  b——L 范围内的洞口宽度；

  $[\beta]$——允许高厚比，取 22。

（3）龙骨柱应按下列规定进行承载力验算：

1）龙骨柱上下端支座与主体结构连接应假定为铰接；

2）格构式龙骨柱柱肢应按连续梁计算，缀板、支座板与柱肢连接应假定为铰接；

3）附加龙骨柱与龙骨过梁、龙骨窗台梁连接应假定为铰接；

4）龙骨柱强度应按拉弯或压弯构件验算。

（4）格构式龙骨柱柱肢承载力验算宜符合下列规定：

1）无地震作用组合时应按下式验算：

$$\gamma_0 \left(\frac{M_d}{W} + \frac{N_d}{A} \right) \leqslant f \tag{5.2.7}$$

式中：M_d——无地震作用组合时计算截面弯矩设计值；

  N_d——无地震作用组合时计算截面轴向力设计值；

  W——截面抵抗矩；

  A——截面净面积；

γ_0——结构重要性系数；

f——钢材抗拉、抗压强度设计值，按现行国家标准《冷弯薄壁型钢结构技术规范》GB 50018—2002 采用。

2）有地震作用组合时应按下式验算：

$$\frac{M_E}{W}+\frac{N_E}{A}\leqslant f/\gamma_{RE}\tag{5.2.8}$$

式中：M_E——地震作用组合时计算截面的弯矩设计值；

N_E——地震作用组合时计算截面的轴向力设计值；

γ_{RE}——承载力抗震调整系数，取 0.90。

（5）缀板承载力应符合下列规定：

1）无地震作用组合时应按下式验算：

$$\gamma_0\frac{N_d}{A}\leqslant f\tag{5.2.9}$$

2）有地震作用组合时应按下式验算：

$$\frac{N_E}{A}\leqslant f/\gamma_{RE}\tag{5.2.10}$$

式中：N_d——无地震作用组合时计算截面轴向力设计值；

N_E——地震作用组合时计算截面的轴向力设计值；

γ_{RE}——承载力抗震调整系数，取 0.90；

A——截面净面积；

γ_0——结构重要性系数；

f——钢材抗拉、抗压强度设计值，按现行国家标准《冷弯薄壁型钢结构技术规范》GB 50018—2002 采用。

（6）螺钉抗剪承载力应符合下列规定：

1）无地震作用组合时应按下式验算：

$$\gamma_0 V_d\leqslant \zeta n V_f\tag{5.2.11}$$

2）地震作用组合时应按下列公式验算：

$$V_E\leqslant \zeta n V_f/\gamma_{RE}\tag{5.2.12}$$

$$\xi=0.535+\frac{0.465}{\sqrt{n}}\tag{5.2.13}$$

式中：V_d——无地震作用组合时连接部位的剪力设计值；

V_E——地震作用组合时连接部位的剪力设计值；

n——连接部位的螺钉个数；

ζ——多个螺钉连接的承载力折减系数；

V_f——单个螺钉的抗剪承载力设计值；

γ_0——结构重要性系数；

γ_{RE}——承载力抗震调整系数，取 0.90。

（7）单个螺钉的抗剪承载力设计值可按下列公式计算：

1）当 $\frac{t_1}{t}=1$ 时

$$V_f = 3.7\sqrt{t^3 df} \qquad\qquad (5.2.14)$$

且 $$V_f \leqslant 2.4tdf \qquad\qquad (5.2.15)$$

2）当 $\frac{t_1}{t} \geqslant 2.5$ 时

$$V_f = 2.4tdf \qquad\qquad (5.2.16)$$

3）当 $\frac{t_1}{t}$ 介于 1 和 2.5 之间时，V_f 可按第 1）、2）款计算值插值求得。

式中：V_f——单个螺钉的抗剪承载力设计值；

$\quad\quad d$——螺钉直径；

$\quad\quad t$——较薄板（钉头侧）的厚度；

$\quad\quad t_1$——较厚板（钉尖侧）的厚度；

$\quad\quad f$——被连接材料的抗拉强度设计值。

（8）膨胀螺栓抗剪承载力应符合下列规定：

1）无地震作用组合时应按下式验算：

$$\gamma_0 V_d \leqslant nV_0 \qquad\qquad (5.2.17)$$

2）地震作用组合时应按下式验算：

$$V_E \leqslant nV_0/\gamma_{RE} \qquad\qquad (5.2.18)$$

式中：V_d——无地震作用组合时连接部位的剪力设计值；

$\quad\quad V_E$——地震作用组合时连接部位的剪力设计值；

$\quad\quad n$——连接部位的膨胀螺栓个数；

$\quad\quad V_0$——单个膨胀螺栓的抗剪承载力设计值；

$\quad\quad \gamma_0$——结构重要性系数；

$\quad\quad \gamma_{RE}$——承载力抗震调整系数，取 0.90。

5.3 复合墙体施工

5.3.1 施工准备

（1）复合墙体施工前应编制施工技术方案，并应进行技术交底和培训。

（2）工程构件与材料进场后，应按品种、规格堆放，并应采取防潮、防雨淋和防污染措施；应核对进入施工现场的主要原材料技术文件，并应进行抽样复检，复检合格后方可使用。

（3）施工前，应进行基层清理、定位放线；应对水平标高及墙体控制线、门窗位置线进行中间验收。施工机具进场应出具产品合格证、使用说明书等质量文件，施工机具应由专人管理和使用，并应定期维护校验；同条件养护试件应在金属尾矿多孔混凝土灌注入模处随机取样。复合墙体施工前应进行面板排列布置，面板使用前应进行表面清理，受潮变形的面板不得使用。对预埋件、吊挂件以及连接件的位置和数量应进行复查验收。

（4）现浇金属尾矿多孔混凝土施工的环境温度不宜低于 5℃。

（5）复合墙体施工安全技术要求应符合现行国家标准《建筑施工安全技术统一规范》

GB 50870—2013 的规定。

（6）复合墙体施工应在主体结构工程验收合格后进行。

5.3.2 龙骨架体制作与安装

（1）龙骨柱制作时应根据设计图纸绘制构件加工详图；材料应具有质量证明文件，并应符合国家现行产品标准的有关规定和设计要求；螺栓孔应采用钻成孔，严禁烧孔或现场气割扩孔。

（2）龙骨切割宜采用手提切割机，切割边与龙骨的长度方向垂直，并应采用打磨机清除毛刺；龙骨宜采用龙骨钳接长，接长长度不宜小于 600mm，龙骨接长后应平直。

（3）龙骨固定方式应符合现行国家标准《钢结构设计规范》GB 50017—2003 的规定；龙骨柱规格、型号、安装位置以及注浆流动孔应符合设计要求，其安装位置偏差不应大于 3mm；边龙骨柱与主体结构柱、墙面衔接处应留 20mm 的间距；龙骨的开口方向应一致，边龙骨柱和洞口周边龙骨柱（梁）的槽口应朝墙内。龙骨架体安装完成后，应进行隐蔽工程验收。

5.3.3 面板裁制与拼装

（1）裁制面板应无脱层、折裂，应无缺棱掉角；应按设计要求切割预留洞口、开关盒、接线盒、插座和浆料灌注孔、排气孔。

（2）面板拼装可在龙骨架体安装及预埋件管线完成并验收合格后进行，除首层外，也可安装外侧平板与安装墙体内预埋的水、电管线和配套设施同时进行，验收合格后再安装内侧平板。

（3）同一层同一柱间宜从柱（墙）的一端向另一端的顺序逐板安装，有门窗洞口时宜从洞口向两侧安装并且自下而上竖向安装，洞口处面板应用单块面板裁制；面板的竖向边端应支撑在龙骨柱上，面板的竖向接缝应位于竖龙骨的中线上，应错缝排版，接缝不应出现在相同行列位置上；面板间接缝的宽度宜为 1.5mm，面板侧边或顶端与主体结构交接处的接缝宽度不应超过 5mm，缝两侧板的高差宜小于 1.5mm；面板底端距地面的预留安装间距宜为 10～20mm；板间拼缝中的基层应嵌入专用弹性变形材料并应按设计要求进行防水处理。

（4）面板与龙骨连接十字槽沉头自钻自攻螺钉应按先板中后四周的顺序攻入。

（5）面板安装完成后，应在墙体内侧面板上方开设灌注孔，顶部的灌注孔应距离梁下 50mm 处；严禁在外墙复合墙体的外侧面板上开设灌注孔；灌注孔的垂直尺寸不宜大于 80mm，水平尺寸不宜大于 200mm；单面墙上相邻两个灌注孔的水平间距不宜小于 2000mm。

5.3.4 浆料灌注

（1）浆料制备时原材料应采用专用计量器具称量；宜采用现浇泡沫多孔混凝土复合墙体智能灌注机连续灌注。

（2）浆料施工配合比应按设计及工艺要求确定，并应通过适配调整。

（3）浆料拌合物灌注前应按施工要求设置灌注孔，开启位置应符合施工设计要求。

（4）智能灌注机性能应符合现行国家标准《现浇泡沫混凝土复合墙体智能灌注机》GB/T 32990—2016 的规定。

（5）应封堵可能漏浆的孔洞与缝隙；灌注宜从下而上，从左（右）到右（左）依次逐孔进行。

灌注施工过程中，应对墙体内预埋的水电管线采取保护措施，预埋的箱、柜、盒等无变形移位；宜采用智能灌注机分层连续灌注；当浆料的上表面与灌注孔下边线一致时，应停止灌注；当浆料的流动度低于限值或出现分层时，应停止灌注；墙体顶层浆料的灌注，应保证成型的金属尾矿多孔混凝土与顶棚结合紧密、无缝隙及缺口等缺陷。

（6）浆料灌注过程中应按规定的数量留置检测试件，应送有资质的检测单位检验，并应出具检测报告。

5.3.5 复合墙体养护

（1）复合墙体灌注完成后，应采用自然养护方式，养护时间不得少于 14d。

（2）养护期间，不应在复合墙体上进行钉、凿、剔等施工，不应撞击墙体。

5.4 复合墙体的工程应用案例

5.4.1 内蒙古奈曼旗绿色农房工程

（1）工程名称：内蒙古奈曼旗绿色农房工程。

（2）工程地点：内蒙古奈曼旗东明镇（浩特村、南奈林村、兴发村）。

（3）建筑面积：$80m^2$ 7 栋、$60m^2$ 7 栋、$100m^2$ 1 栋、$200m^2$ 1 栋，总示范面积 $1280m^2$。

（4）结构形式：轻钢轻墙结构，主体采用方管钢结构，墙体采用现浇金属尾矿多孔混凝土复合墙体，外墙厚度 290mm，内墙厚度 200mm。

（5）内蒙古奈曼旗绿色农房工程技术方案：

内蒙古奈曼旗绿色农房工程主体采用方管轻钢结构，墙体采用复合墙体，外墙厚度 290mm，内墙厚度 200mm。考虑设备浇筑工艺，工程施工遵循先外墙后内墙的施工顺序，外墙施工验收合格后进行内墙施工。门窗洞口处设加强方管用以连接门窗框，门窗洞口处加强方管采用 40mm×40mm×2.5mm。

1）施工工艺流程（见图 5.4.1）

图 5.4.1 复合墙体施工工艺流程图

147

2）龙骨施工技术要求

① 龙骨的规格、型号及安装位置应符合设计要求。

② 上、下横龙骨应采用自攻螺钉固定在方管结构上，其型号、规格及间距应符合设计要求。

③ 竖龙骨应按设计间距垂直套入上、下横龙骨内，开口的方向应一致，并用拉铆钉与上下龙骨固定，并按规范要求放置贯通龙骨。

④ 墙体内预埋管线需要穿过上、下横骨时，应用扩孔器在龙骨中间部位的相应位置开孔，开孔宽度不得大于龙骨截面宽度 1/2。

⑤ 轻钢龙骨安装完成后，应进行隐蔽工程的验收。

3）水泥压力板安装技术要求

① 水泥压力板安装，应在龙骨安装及墙体内预埋管线敷设完毕并验收合格后进行；也可在一侧面板安装的同时，配合安装墙体内预埋的水、电管线和配套设施，经验收合格后，再安装另一侧面板。

② 水泥压力板应自下而上、逐块逐排安装，板块的立边均应落在竖向龙骨上。

③ 水泥压力板用沉头自攻螺钉固定在龙骨上，自攻螺钉的间距不大于 200mm，自攻螺钉距离水泥压力板边缘为 10～15mm。

④ 水泥压力板之间的接缝应符合设计要求，竖向接缝应位于竖龙骨的中线上。

⑤ 在墙体一侧水泥压力板上方开设灌浆孔，灌浆孔应靠近上横龙骨下边缘，并在适当的位置设排气孔。

⑥ 安装好的水泥压力板墙面不得有起皮、掉角、裂缝的现象。

4）墙体芯材施工技术要求

① 施工前应按设计及工艺要求确定芯材的相应配方，施工现场应有专人负责配料。

② 芯材浇注应在龙骨、水泥压力板、表面覆膜安装验收合格后进行。

③ 芯材浇注施工过程中，应注意保护墙体内预埋的水电管线不被破坏，预埋的箱、柜、盒等无变形移位。

④ 芯材应分层浇注，每层浇注高度宜控制在小于等于 600mm。

⑤ 芯材浇注过程中，应注意已浇注成型部位与浇灌口的高度，避免浇注时芯材溢出；当墙体浇注成型部分与主体结构间距小于等于 600mm 时，应计算好芯材投注量，确保芯材成型后与主体结构无缝隙。

⑥ 芯材浇注完成后，将板面和接缝处清理干净。

（6）工程实施：

该工程已于 2016 年 7 月完成，目前已投入使用，节能效果好，防火达到 A 级，通过了项目验收。示范过程及效果图如图 5.4.2 所示。

5.4.2　辽宁省盖州市九寨镇绿色农房工程

（1）工程名称：辽宁省盖州市九寨镇绿色农房工程。

（2）工程地点：辽宁省盖州市九寨镇二道河村。

（3）建筑面积：113.6m²。

（4）结构形式：轻钢轻墙结构，主体采用方管钢结构，墙体采用现浇金属尾矿多孔混

图 5.4.2 内蒙古奈曼旗绿色农房工程

凝土复合墙体,外墙厚度 290mm,内墙厚度 200mm。

（5）辽宁省盖州市九寨镇绿色农房工程技术方案:

辽宁省盖州市九寨镇绿色农房工程基础形式为毛石条形基础带地圈梁，主体结构采用装配式轻钢结构，外墙采用两层中空复合保温外墙板，内墙采用复合保温板，屋面采用ALC屋面板。

1）施工工艺：±0.000以下基础→钢结构安装→ALC板安装→屋面防水施工→内外墙面装饰装修→外网接引→清洁、整理、验收。

2）钢结构安装施工。基础施工完成，满足施工化学螺栓强度即满足钢结构施工条件，利用外控制点对建筑物轴线进行放线，依次将钢柱、钢梁进行放线，工程钢结构均在工厂进行制作，制作完成后运至施工现场进行螺栓连接组装施工。

① 每一杆件在节点上以及拼接接头的一端，永久性螺栓数不宜少于两个。

② 直接承受动力荷载的普通螺栓受拉连接应采用双螺帽或其他防止螺帽松动的有效措施。

③ 沿杆轴方向受拉的螺栓连接中的端板，应适当增强其刚度，以减少撬力对螺栓抗拉承载力的不利影响。

3）外墙板工艺流程：施工部位确认→清扫、清理→放线→验线→固定角铁→外墙板两端扩孔→起吊安装→板材就位→板材校正→板材固定（上端勾头螺栓固定、下端管板固定）→板材修补→打密封胶、勾缝→自检→报验。

屋面板工艺流程：施工部位确认→清扫、清理→放线→验线→板二次搬运→板两端扩孔→板材就位→板材校正调整→板材固定（四周用勾头螺栓固定）→板材修补→水泥砂浆勾缝→自检→报验。

外墙板施工要点：

① 钢柱与ALC板交接面、地面清理干净：施工部位经验收后，清理墙板与地面墙面的结合部，将浮灰、沙、土、酥皮等物清除干净，凡凸出墙面的砂浆、混凝土块等必须剔除并扫净，结合部清理干净。

② 放线：根据提供的双向控制线（或轴线），放出板材的控制线和水平分格线。

③ 固定角铁：根据已弹出的水平分格线，按节点做法安装角铁。

④ 外墙板扩孔：吊装前，按实测尺寸对外墙板配板、修板，板的长度应按柱距净宽尺寸减去20mm，同时量出在外墙板上下两端需固定钩头螺栓的扩孔的位置后，用专用扩孔钻头钻眼扩孔，此板上、下两侧边为凹凸槽口，有缺损的板应及时修补。

⑤ 坐浆、吊装、就位、校正、固定：用尼龙吊带捆住外墙板偏中部位，将板运到板位置线附近，然后用撬棍撬起板底端，将板顶起上下运动，直至板与角铁贴近就位，微调以将板挪至正确的位置，并用2m靠尺及塞尺测量墙面的平整度，用2m托线板检查板的垂直度，检查条板是否对准预先在地面上弹好的定位线，是否与上面以及下面的板在一条垂直线上，左右的板是否在一条水平线上，无误后，用木楔在顶端、底端挤紧顶实，但不得过紧，然后撤出撬棍，最后将勾头螺栓焊牢于角铁上。

⑥ 板材修补、勾缝：勾缝剂要随配随用，配置的勾缝剂应在30min内用完。外墙板外缝须打密封胶，表面再用专用勾缝剂勾平。在墙体粘缝没有产生一定强度前，严禁碰撞振动，若木楔不撤出，木楔要做防腐处理。固定用角铁采取防锈处理。

（6）工程实施：

该工程已于2017年9月完成，目前已投入使用，节能效果好，防火达到A级，通过了项目验收。示范过程及效果图如图5.4.3所示。

图 5.4.3 辽宁省盖州市九寨镇绿色农房工程

第6章 绿色农房建造技术信息系统

6.1 绿色农房信息系统建立的目的和意义

由于我国地域辽阔，自然环境复杂多样，各地经济发展不平衡，民风民俗各具特色。近些年来，农村居民房屋翻新和新建以每年 5％～12％的速度快速进行着。绿色农房是指在集体土地上新建或改建的安全实用、节能减废、经济美观、健康舒适的新型农村住宅。从总体上来说，绿色农房是继绿色建筑之后提出的一个全新的概念，绿色农房是指在村镇建设中，结合当地的建设情况、资源环境和经济条件，因地制宜，最大限度地减少污染、保护环境、节约资源，从而为农民提供舒适、健康、高效的使用空间，并实现与自然和谐共生的建筑。

在落实中央关于大力推进生态环境建设、加快推进绿色农房建设的背景下，全国各地的绿色农房建设当中，既有农村新建农房也有改建既有的农房。绿色农房的建设不仅要受到建造方式、建筑材料、建造技术、建造成本的制约，也要受到农村居民自身经济状况以及村民对农房节能、环保、舒适、价格等方面认知程度的影响。

6.1.1 系统建立的目的

近些年来绿色农房的研究和实践大多限于局部地区，缺少从全国层面进行分析、归类、汇总，而绿色农房系统的建立就是基于对全国典型的传统民居类型进行整理总结，包含各地主要传统民居的类型特点，具有传统民居特点的新民居设计方案。通过 GIS 软件整合信息，形成一个系统化的数据库，最终呈现在软件平台上，从而方便村民利用这个信息系统高效、便捷、省时省力地建造富有当地特色的绿色农房。

绿色农房的内涵主要表现在以下两个方面：

（1）以因地制宜为原则。应根据农房的地理位置采用适宜的技术，其建设模式、施工方式以及建成后的使用管理也要符合当地农村的基本情况，应根据不同地区进行选择。

（2）以和谐共生、绿色环保为目标。农村的房屋并非是独立存在的，而是自然环境的组成部分，绿色农房应该以坚持走绿色发展的道路为目标。

绿色农房信息系统建立的目的主要表现为：第一，是为了培育农民的绿色意识，引导农民用科学的方法建设农房；第二，供绿色农房设计、施工人员使用。

6.1.2 系统建立的意义

当前全国各地都在进行绿色农房的建设，各地出行了相关的绿色农房建设导则，但并没有人对全国的典型传统民居进行整理，将数据信息呈现在网页平台。通过绿色农房建造技术信息系统的建设，建立绿色农房信息化平台，为村民建设绿色农房提供了高效、便捷的途径。

传统的农房建造中，村民需要自己出设计图或者聘请设计方去设计农房，最终交付施工队进行建造。不少农房缺少空间上科学的规划布局，加上技术落后、建设资金有限等问题，导致建成的农房不论从技术还是性能上都没有满足绿色农房的要求。另外，传统农房的结构安全性差，并且存在材料不够节能环保的问题。

绿色农房建造技术信息系统试图解决传统农房建设存在的问题。在绿色农房信息系统平台下，农房类型经过了分析、整合，最终呈现在网页上的结果是优选的，符合当地自然环境条件的新农房设计方案。村民在建造农房时可以参考这些方案，这些方案提高了房屋舒适度，改变了目前的粗放的施工方式，高效而便捷。而且信息系统中的农房建造加入了绿色的理念，以节能环保为目标，采用了被动式、主动式节能技术以及可再生能源，将大力带动相关建筑产业的发展。

6.2 绿色农房信息系统构建原则

绿色农房推进的内部影响因素包括农房建筑年代、建造方式、图纸来源、绿色农房建设村民的可接受成本、村民对绿色技术的了解等，笔者根据以上因素给出对策建议，力求推进绿色农房建设的发展。

1. 政府加强宣传和监督，提高村民参与意识

绿色农房建设是看似简单、实则复杂的系统工程，涉及村民生活生产方式、民俗风情、规划设计、建材、施工、管理等多个环节。村民是绿色农房建设的主要参与者和受益方，首先要考虑村民的建设意愿。而村民对于绿色技术和绿色农房的认知比较有限，农房建设中采用的绿色技术较少，所以要对村民进行绿色技术的普及推广，让村民认识绿色农房，了解绿色技术，让村民主动、自发地参与到绿色农房建设中。

2. 合理规划绿色农房建造，建立相应的配套机制

针对现有农房的情况，考虑各地土地规范和农房建设规划政策，绿色农房的建设宜分为以下 3 种方式进行：

（1）完全由政府统一建设的绿色农房。其招标投标程序、规划审图过程、施工装修过程等都有政府的统一规定，绿色技术的应用有着政府的统一指导，比较容易得到实现及贯彻。

（2）完全由村民自建的绿色农房。这种方式又分为两类：一是既有农房的改建，村民的经济状况、使用绿色技术的意愿、农房的现状等问题使得此类农房应用绿色技术将会较难实现，受牵制的主客观因素较多；二是新建农房，此种情况如果提供给村民绿色技术以及设施，村民会较容易接受，绿色技术应用的情况会稍好一些。

（3）按规定图纸在统一规划的土地上建设。此种方式需要政府更多的引导，使用激励措施去鼓励村民按绿色方式建设农房，同时也要保证绿色技术的可操作性，需要有相关单位指导建造，村民也能方便地买到绿色建筑材料。

对于不同的建造方式，政府应给与相应的配套机制。比如提供绿色农房图集供村民选择，明确建材流通到基层环节的绿色要求，保证村民能方便购买到低碳节能、绿色环保、经济实惠、经久耐用的建房材料，同时相关职能部门要加强对农房建设队伍的监管，对各地建筑施工团队进行绿色节能方面的系统培训，对工匠的绿色施工水平进行考核，提高建造水平。

3. 主推被动式绿色技术，降低建设成本

绿色建筑的建设需考虑社会成本和社会效益，由于绿色建筑产生的成本费用会高于普通建筑，绿色建筑的增量成本已成为限制绿色建筑发展的一个主要瓶颈。绿色农房的建设也具有相同的属性，增量成本对于收入不高的农民是个不小的负担，将阻碍绿色农房建设的推进，所以应考虑在不影响绿色农房基本属性的条件下，降低绿色农房的建造成本，选择适宜绿色农房的绿色技术。

绿色农房的建设应侧重农房绿色技术的应用，包括单技术的应用和多技术的组合，特别是被动式技术的选用。被动式技术接受度较高，受成本的影响弱，而主动式技术成本相对较高，推广难度大，可以在试点示范项目里应用。同时尽量采用乡土材料，尽可能低地降低建设成本。

被动式技术和主动式技术可从 4 个方面来考虑：

（1）与建筑布局有关。如从房屋朝向、形体、开间和进深的比例关系、主房和附房的位置关系、层高、采光通风、楼间距等情况考虑。

（2）与建筑结构、材料有关。如窗墙比，密闭程度，开口位置，屋顶形式（平屋顶、坡屋顶），遮阳及保温材料，承重、维护、屋顶屋盖的建造多利用乡土材料，就地取材。

（3）与建筑设备有关。如太阳能热水器、光热发电、清洁能源、灶具、卫生间、化粪池等。

（4）其他。如垂直绿化，屋顶绿化。

从以上 4 个方面考虑绿色技术在哪些地区利用、应用的条件要求和使用范围。同时，应考虑农房建设成本和村民可接受成本之间的关系，绿色技术的使用带来了成本的增加，必然高于村民的可接受成本，但绿色技术提升的效用将减小两者之间的差距，并且可通过激励措施弥补建设成本差距。

本绿色农房信息系统的框架本着三个构建原则：（1）按气候区划进行分类；（2）按行政区划进行分类；（3）按民居类型进行分类。

6.2.1　按气候区划

在我国，根据气候条件的不同，将建筑分为不同的七个区域，下列是不同气候区对民居的影响：

第Ⅰ气候区：属于严寒地区。该区冬季漫长严寒，夏季短促凉爽；西部偏于干燥，东部偏于湿润；气温年较差很大；冰冻期长，冻土深，积雪厚；太阳辐射量大，日照丰富；冬季半年多大风。

第Ⅱ气候区：属于寒冷地区。该区冬季较长且寒冷干燥，平原地区夏季较炎热湿润，高原地区夏季较凉爽，降水量相对集中；气温年较差较大，日照较丰富；春、秋季短促，气温变化剧烈；春季雨雪稀少，多大风风沙天气，夏秋多冰雹和雷暴。

第Ⅲ气候区：属于夏热冬冷地区。该区大部分地区夏季闷热，冬季湿冷，气温日较差小；年降水量大；日照偏少；春末夏初为长江中下游地区的梅雨期，多阴雨天气，常有大雨和暴雨出现；沿海及长江中下游地区夏秋常受热带风暴和台风袭击，易有暴雨大风天气。

第Ⅳ气候区：属于夏热冬暖地区。该区长夏无冬，温高湿重，气温年较差和日较差均小；雨量丰沛，多热带风暴和台风袭击，易有大风暴雨天气；太阳高度角大，日照较小，太阳辐射强烈。

第Ⅴ气候区：属于温和地区。该区立体气候特征明显，大部分地区冬温夏凉，干湿季分明；常年有雷暴、多雾，气温的年较差偏小，日较差偏大，日照较少，太阳辐射强烈，部分地区冬季气温偏低。

第Ⅵ气候区：属于严寒和寒冷地区。该区长冬无夏，气候寒冷干燥，南部气温较高，降水较多，比较湿润；气温年较差小而日较差大；气压偏低，空气稀薄，透明度高；日照丰富，太阳辐射强烈；冬季多西南大风；冻土深，积雪较厚，气候垂直变化明显。

第Ⅶ气候区：属于严寒和寒冷地区。该区大部分地区冬季漫长严寒，南疆盆地冬季寒冷；大部分地区夏季干热，吐鲁番盆地酷热，山地较凉；气温年较差和日较差均大；大部分地区雨量稀少，气候干燥，风沙大；部分地区冻土较深，山地积雪较厚；日照丰富，太阳辐射强烈。

每个气候区的传统民居的建筑特点各有差异。对于绿色农房建设来说，营造受到经济条件的制约，在气候适应性的实现上通常优先采用少费多用的方式，选择经济、易实现的方法。信息系统按气候区划对各地典型传统民居进行分类，是因为绿色农房的设计及施工需要基于不同的气候条件呈现不同的技术特点；同时按气候区划划分，便于归纳每个气候区的典型传统民居的基本特征，供村民对本地区的传统民居有所了解。

通过上述构建原则的分析，概括出每个气候区所包含的民居类型（见表6.2.1）：

气候区内典型民居类型　　　　　　　　　　　　　　表6.2.1

气候区分类	民居类型	数量（个）
Ⅰ气候区	蒙古包、东北民居、朝鲜族民居、山西民居	4
Ⅱ气候区	山西民居、北京民居、东北民居、天津民居、冀北民居、海草房、河南民居、窑洞、宁夏民居、关中民居	10
Ⅲ气候区	河南民居、陕南民居、徽州民居、江苏宅院、四川民居、石库门、湖北民居、吊脚楼、干栏式、江西天井、赣中民居、福州民居、客家围屋、浙江民居、侗族民居	15
Ⅳ气候区	干栏式、潮汕民居、客家围屋、广府民居、福州民居、琼北民居、船形屋	7
Ⅴ气候区	干栏式、苗族半边楼、昆明民居、井干式、土掌房、四川民居	6
Ⅵ气候区	毡房、新疆阿以旺、青海庄廓、四川民居、碉房	5
Ⅶ气候区	上屋下窑式民居、新疆阿以旺、哈萨克族毡房、甘肃民居、蒙古包	5

6.2.2　按行政区划

各地区农民对自己所处在哪个气候区可能不是很清楚，但对自己所在地区属于哪个行政区（省、直辖市、自治区）则很明确。因此，本系统按行政区划对各地传统民居进行分类，目的是便于农民在操作本系统时能迅速地找到自己所处的行政区，从而可参考所处行政区的民居类型和新民居方案进行建设。

每个气候区内有不同的行政区，在气候区划的基础上，按省级行政区划对每个气候区的传统民居进行细分。当一个行政区横跨多个气候区时，就会因为气候差异导致一个行政区内存在多种传统民居类型。比如河北省横跨Ⅰ气候区和Ⅱ气候区，导致河北省存在着山西民居、北京合院民居、东北民居和冀南民居（见表6.2.2），因此使用者要搞清楚自己所处行政区的具体位置，以便于在操作本系统时找到对应的典型绿色农房案例。

一个行政区横跨多个气候区　　　　　　　　　　表 6.2.2

行政区	气候区	民居类型
河北省	Ⅰ气候区	山西民居
	Ⅱ气候区	山西民居、东北民居、北京合院民居、冀南民居

6.2.3 按民居类型

每个气候区内有不同的行政区，当落实到每个行政区内的传统民居类型时，可能存在一个行政区内有多种传统民居类型和一种传统民居类型横跨多个行政区的情况。比如Ⅰ气候区的吉林省内有朝鲜族民居和山西民居，而东北民居横跨黑龙江、吉林、辽宁三个省份。（见表6.2.3、表6.2.4）

一个行政区内存在多种民居类型　　　　　　　　表 6.2.3

气候区分类	行政区	民居类型
Ⅰ气候区	黑龙江	东北民居
	吉林	**朝鲜族民居、东北民居**
	辽宁	东北民居
	内蒙古	蒙古包
	河北	山西民居
	山西	山西民居
	陕西	窑洞

一种民居类型横跨多个行政区　　　　　　　　表 6.2.4

气候区分类	行政区	民居类型
Ⅰ气候区	**黑龙江**	**东北民居**
	吉林	朝鲜族民居、**东北民居**
	辽宁	**东北民居**
	内蒙古	蒙古包
	河北	山西民居
	山西	山西民居
	陕西	窑洞

目前本信息系统所涵盖的传统民居类型有东北民居、朝鲜族民居、蒙古包、山西民居、北京合院民居、天津民居、冀南民居、海草房、河南民居、窑洞、宁夏回族自治区民居、关中民居、甘肃民居、江苏宅院、徽州民居、陕南民居、四川民居、吊脚楼、湖北民居、湖南民居、江西天井式民居、赣中民居、客家围屋、福州民居、浙江民居、侗族民居、干栏式、广府民居、潮汕民居、苗族半边楼、昆明一颗印、土掌房、井干式、青海庄

廊、毡房、碉房、上屋下窑式、哈萨克族毡房、石库门，共36种。

（1）按民族类型

主要在少数民族聚居区，具体划分有：朝鲜族民居、宁夏回族自治区民居、客家围屋、侗族民居、青海庄廊、新疆阿以旺、哈萨克族毡房，共7种。

（2）按地域特色

主要在汉族聚居区，具体划分有：东北民居、山西民居、北京合院民居、天津民居、冀南民居、河南民居、关中民居、甘肃民居、江苏宅院、徽州民居、四川民居、湖北民居、湖南民居、江西天井式民居、赣中民居、福州民居、浙江民居、广府民居、潮汕民居、昆明一颗印，共20种。

（3）按建筑风格

主要根据地形地貌、气候因素等条件形成的各具特色的典型民居，具体划分有：海草房、窑洞、吊脚楼、干栏式、土掌房、井干式、毡房、碉房、上屋下窑式，共9种。

6.3 农房信息系统框架的建立

绿色农房的建造包含着文化性和技术性。文化性是指农房应具有当地的地域文化特色，符合当地传统民居的特征；技术性是指农房要通过一些主动式、被动式的节能技术来保证农房的绿色、生态、可持续。新民居的建造，需要在了解当地传统民居的基础上去建造符合当地地域文化特色的民居。村民需要先了解传统民居的特点，然后再去了解新民居的绿色、生态的建造方法。

故绿色农房信息系统的数据框架分为两大结构：传统民居基本特征和新民居营造方法。

北京合院民居历史悠久，新民居建筑规模较大，故以北京合院民居为例，介绍绿色农房信息系统的建立步骤。

6.3.1 传统民居基本特征

传统民居基本特征是从聚落的空间形态到民居的细部，对每一种民居类型的基础部分进行汇总。对于北京合院民居，将其基本特征按照九部分进行整理汇总，让村民能够从信息系统中了解自己地区的传统民居建筑特点。

通过对村庄的传统农房调研测绘，记录并梳理单体建筑形态的变化，根据建筑类型学理论，将其按照不同的形式分类，并挖掘其"原型"，以此来探索延续传统文脉，具有地方特色、符合村民生产生活的绿色农房。

北京合院民居的基本特征及要素见表6.3.1：

北京合院民居基本特征及要素　　　　　　　　　　　表6.3.1

村庄空间形态	一字形、丁字形、集中型、散点状、组团状
院落平面形式	二合院、四合院、特殊合院
屋顶形态	屋脊、屋面
立面形态	倒座、厢房、正房

续表

墙体样式	后檐墙、卡子墙、槛墙、山墙、影壁墙、院墙
门窗形式	门、窗
地面铺装	散水砖、甬路及海墁
结构与构造	台基、砖木结构
细部与装饰	抱鼓石、门联、门簪

　　村庄的农房设计是新农村建设中与村民联系最紧密，最直接关系广大村民切身利益的民生工程，住宅作为村域空间的核心单元，影响着村落的整体风貌。记录并梳理当代村庄空间形态，能为我国正在开展的农村住宅建筑设计标准研究和新农村建设提供参考。

　　北京农村的村庄空间形态主要是受到自然环境和人类活动的影响。从北京平原地形对这些传统村落的影响来看，这些传统村落都建在地势平坦、交通通达度高、易于浇灌耕种的地方，村庄形态多为集中型（见图6.3.1）和组团状（见图6.3.2）；位于山地的村庄选址都是依山并顺着周边的山势延伸发展而建，村庄形态多为一字形（见图6.3.3）和散点状（见图6.3.4）。北京村庄院落形态的演变是居住文化发展的外在表象。在历史变迁过程中，受到气候地理、宗法体制、村民生产生活变化、家庭人口构成、风水文化以及构造技术等因素的影响，才形成如今具有独特地方气质的既朴实又生动的院落文化。

图6.3.1　集中型

图6.3.2　组团状

图6.3.3　一字形

图6.3.4　散点状

　　北京合院民居的院落平面形式包括二合院、四合院和特殊合院。院落平面形式不论随着时代的发展如何演变，都没有脱离其内在的一种相同的约束力和规定性，它们都是在原型的基础上进行变异和演化，是对原型的发展和丰富（见图6.3.5、图6.3.6）。整个院落布局在"原型"基础上随着生活生产空间的扩展在不断地生长变化，其演变模式是基于北京四合院基本型中所蕴含的建筑文化和布局理念展开的。在了解北京合院民居的院落平面基本形式及变体的基础上，才能去建造具有地域特色的新民居。

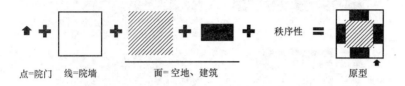

点=院门　线=院墙　　面=空地、建筑　　　原型

图 6.3.5　原型的推导过程

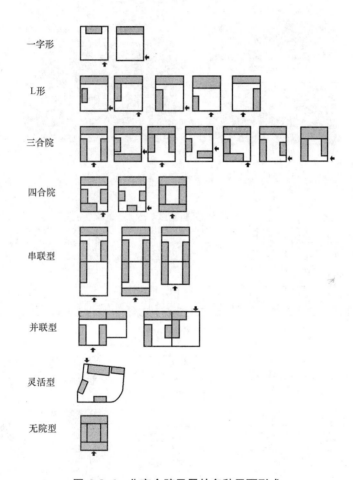

一字形

L形

三合院

四合院

串联型

并联型

灵活型

无院型

图 6.3.6　北京合院民居的多种平面形式

北京合院民居的单体建筑的"基本型"包括屋顶形态、立面形态、墙体样式、门窗形式、地面铺装、结构与构造、细部与装饰。传统民居的基本特征不单单是平面形式，也包含单体建筑的细部，只有了解这些细部，才能设计出符合传统民居风格的新民居。

北京合院民居的屋脊造型丰富，有铃铛排山脊、清水脊、披水排山脊、鞍子脊等（见图 6.3.7）。地面铺装形式也是多种多样的，尤其散水砖排列方式有多种（见图 6.3.8）。

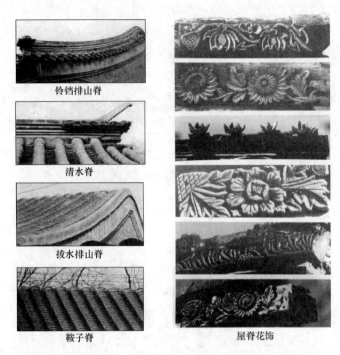

铃铛排山脊

清水脊

拔水排山脊

鞍子脊

屋脊花饰

图 6.3.7 北京合院民居的屋顶形态

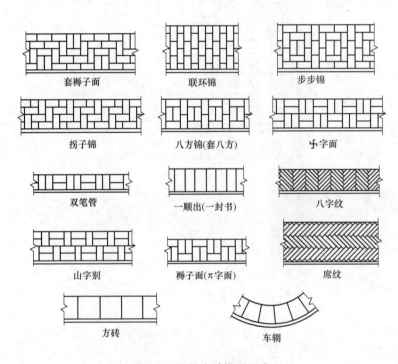

套襻子面

联环锦

步步锦

拐子锦

八方锦(套八方)

卍字面

双笔管

一顺出(一封书)

八字纹

山字别

襻子面(π字面)

席纹

方砖

车辋

图 6.3.8 散水砖排列形式

四合院民居（见图 6.3.9）使用木材作为主要建筑材料，以木构柱梁为承重骨架，以木材、土或其他材料为维护；单体建筑主要由屋面、维护结构、木结构、基础四部分构成。

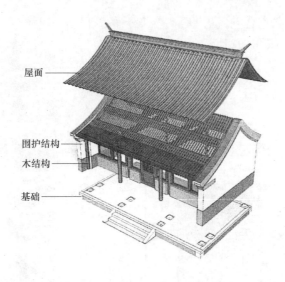

图 6.3.9　北京合院民居的砖木结构

　　北京合院民居的入口处都会设置抱鼓石。抱鼓石主要以圆鼓形和箱形居多（见图 6.3.10、图 6.3.11），但还有狮子形、多角柱形、水瓶形等。抱鼓石通常由须弥座、抱鼓或方箱，以及鼓顶兽吻几部分构成。根据门楼的形制不同，门墩的形制也有差异。从雕刻部位可分为鼓座、鼓面、鼓顶三大类。

图 6.3.10　圆鼓形抱鼓石细部与装饰

图 6.3.11　箱形抱鼓石细部与装饰

6.3.2　新民居营造方法

　　根据整理的北京合院民居基本特征，在绿色、生态的前提下，去搜集符合此类特征的北京新民居，并结合建筑结构，对北京新民居的结构图，建筑图进行详尽的补充，同时对必要节点的施工方法进行介绍，使得村民可以根据信息系统的新民居营造方法进行施工。

　　新民居：新民居 1、新民居 2、新民居 3。

　　施工图：建筑施工图、结构施工图、给水排水施工图、暖通施工图、电力施工图。

以下是三个根据北京合院民居基本特征设计的新民居（见图 6.3.12～图 6.3.14）。

（1）户型1：建筑面积 121.65m²

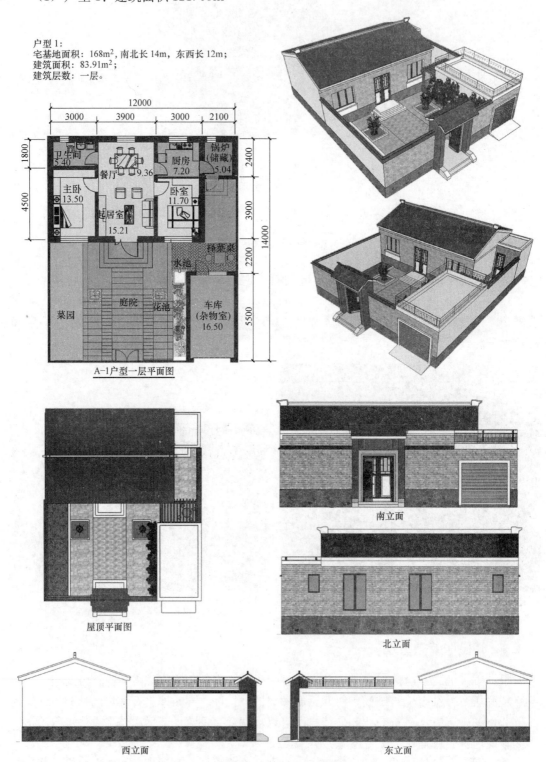

户型1：
宅基地面积：168m²，南北长 14m，东西长 12m；
建筑面积：83.91m²；
建筑层数：一层。

A-1户型一层平面图

屋顶平面图

南立面

北立面

西立面

东立面

图 6.3.12　户型 1 部分图集

（2）户型2：建筑面积121.65m^2

户型2：
宅基地面积：168m^2，南北长14m，东西长12m；
建筑面积：121.65m^2；
建筑层数：二层。

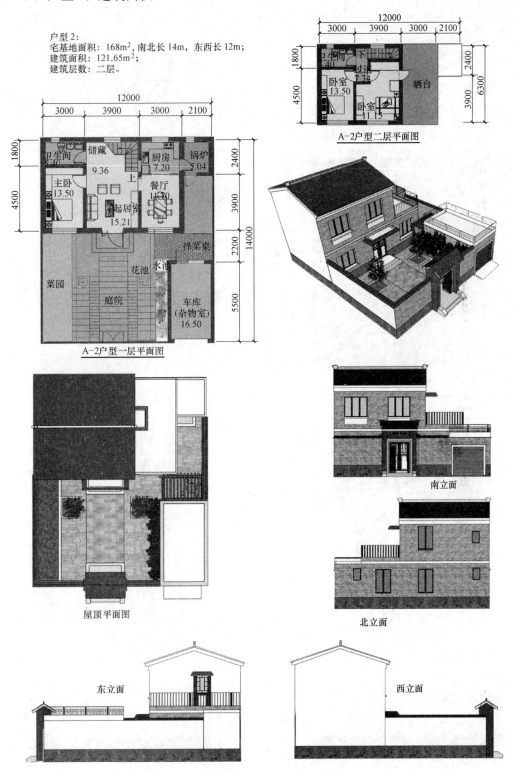

图 6.3.13　户型 2 部分图集

（3）户型 3：建筑面积 83.91m²

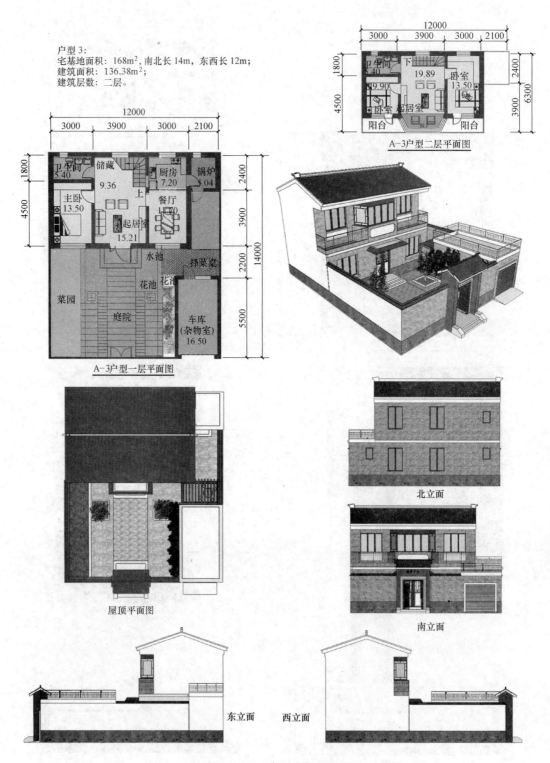

户型 3：
宅基地面积：168m²，南北长 14m，东西长 12m；
建筑面积：136.38m²；
建筑层数：二层。

A-3户型二层平面图

A-3户型一层平面图

屋顶平面图

北立面

南立面

东立面 西立面

图 6.3.14 户型 3 部分图集

164

6.4 农房信息系统框架的使用

以河南民居为例，介绍民居如何使用绿色农房信息系统数据库进行农房的建造。

河南民居历史悠久，新民居建筑规模较大，故以河南民居为例，介绍绿色农房建造技术信息系统的使用。

（1）村民登入绿色农房建造技术信息系统平台（见图 6.4.1）。

输入账号：lsnf，密码：bjut。

图 6.4.1　登录前界面

点击 Get Started 进入系统后台（见图 6.4.2、图 6.4.3，图中地图仅为系统展示所需）。

图 6.4.2　登录后界面

（2）村民选择自己所在气候区的行政区，再选择所在行政区内的河南民居（见图 6.4.4～图 6.4.6）。

（3）村民选择河南民居的传统民居基本特征，去了解河南传统民居的特色，同时可以在后台补充河南民居的传统民居基本特征（见图 6.4.7～图 6.4.10）。

165

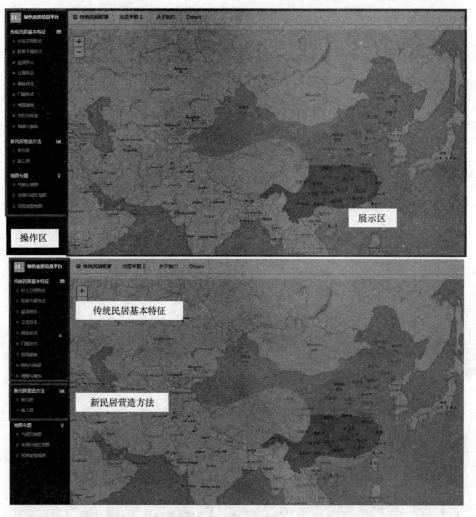

图 6.4.3 后台展示

图 6.4.4 气候区划界面

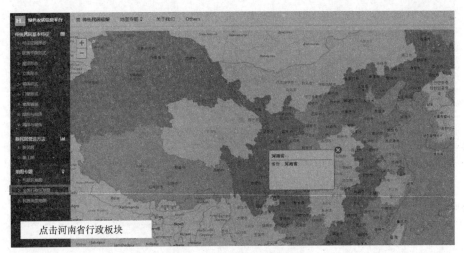

图 6.4.5　行政区划界面

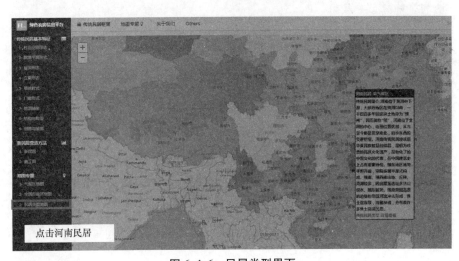

图 6.4.6　民居类型界面

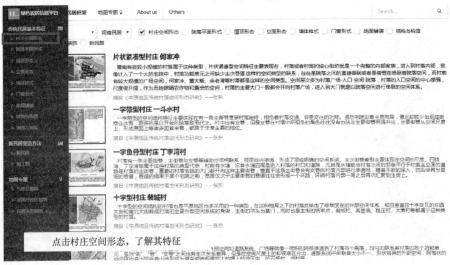

图 6.4.7　传统民居基本特征

图 6.4.8　传统民居基本特征

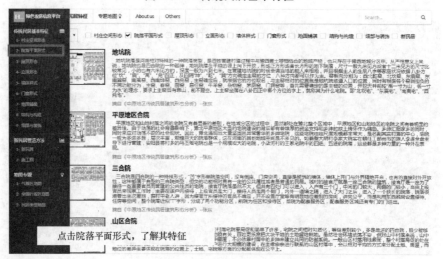

图 6.4.9　传统民居基本特征

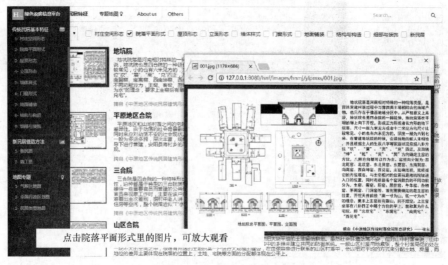

图 6.4.10　传统民居基本特征

（4）村民在了解传统民居基本特征后，选择新民居营造方法，去了解系统提供的几套基于河南传统民居特征的新民居设计方案（见图6.4.11）。

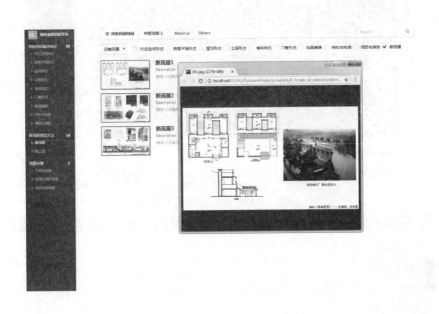

图6.4.11 新民居设计方案

（5）村民在软件平台上选择相应的配套新民居施工图和施工方法，雇用当地的施工队，在参考信息系统资料的基础上进行施工，建设绿色农房（见图6.4.12～图6.4.14）。

图6.4.12 新民居营造方法

图 6.4.13　新民居营造方法

图 6.4.14　新民居营造方法

通过绿色农房信息系统的建立，能够了解每个民居类型的特征，更重要的是在绿色、生态的前提下，根据每个传统民居的特征衍生出的新民居类型可供当代新农村绿色农房建设使用。信息系统里有完整的新民居的结构图、施工图以及施工方法，为村民提供几套成型的设计施工图方案供选择，避免村民自己设计房屋时因理论知识不足造成的安全隐患或在施工过程中提供专家咨询服务等。村民直接使用信息系统的数据资料来建造绿色农房，可以保证"设计—施工—使用"全过程的绿色环保。针对农房改造"心有余而力不足"的居民，提供一定的技术帮助。

绿色农房信息系统的建立弥补了当前国内没有系统的传统民居的数据化整理和网络归档。信息系统不仅对全国传统民居的基本特征进行了归纳总结，而且在传统民居基本特征的基础上，迎合当下绿色建筑的理念，针对每个传统民居类型提出几套切实有效的新民居营造方法，供村民进行利用。

但是由于传统民居的类型是复杂多样的，目前只是选取了全国典型的传统民居类型以及从每个典型传统民居特征中衍生出的新民居进行了归纳总结，并没有涵盖全国所有的传统民居，是有待补充的。

参 考 文 献

[1] 奥托卡. 延安地区窑洞民居建筑形式及保护更新研究 [D]. 武汉：华中科技大学，2012.

[2] 崔文河，王军. 游牧与农耕的交汇——青海庄廓民居 [J]. 建筑与文化，2014，(6)：77-81.

[3] 刘加平，何泉，杨柳，等. 黄土高原新型窑居建筑 [J]. 建筑与文化，2007，(6)：39-41.

[4] 张嫩江. 青海东部地区传统庄廓民居营造技术及其传承研究 [D]. 西安：西安建筑科技大学，2016.

[5] 高巍，张晋梁. 基于"自维持"理念的河北寒冷地区农村住宅设计研究 [J]. 华中建筑，2016，(5)：65-69.

[6] 张明珍，任卫中. 基于可持续的乡村建房模式的实践与思考——以安吉生态屋为例 [J]. 动感：生态城市与绿色建筑，2012，(3)：80-85.

[7] 金虹，陈凯，邵腾，等. 应对极寒气候的低能耗高舒适村镇住宅设计研究——以扎兰屯卧牛河镇移民新村设计为例 [J]. 建筑学报，2015，1 (2)：74-77.

[8] 方林，郭灵灵. 浅析新农村节能住宅设计——以黄河三角洲地区典型农村为例 [J]. 建设科技，2014，(7)：65-67.

[9] 宋雨斐. 基于绿色理念的山东地区村镇住宅设计策略研究 [D]. 山东：山东建筑大学，2016.

[10] 胡艳丽，李富荣，尹明干. 江苏沿海地区农村生态节能住宅技术研究 [J]. 建筑节能，2016，44 (9)：76-80.

[11] 中华人民共和国行业标准 JGJ 209—2010. 轻型钢结构住宅技术规程 [S]. 北京：中国建筑工业出版社，2010.

[12] 中华人民共和国行业标准 JGJ 138—2016. 组合结构设计规范. [S]. 北京：中国建筑工业出版社，2016.

[13] 中华人民共和国国家标准 GB 50936—2014. 钢管混凝土结构技术规范. [S]. 北京：中国建筑工业出版社，2014.

[14] 河北省地方标准 DB13 (J)/T 239—2017. 装配式低层钢结构住宅技术规程 [S]. 北京：中国建筑工业出版社，2017.

[15] 北京市地方标准 DB11/T 803—2011. 再生混凝土结构设计规程 [S]. 北京：北京市城乡规划标准化办公室，2011.

[16] 曹万林，王如伟，刘文超，等. 装配式轻型钢管框架—轻墙共同工作性能 [J]. 哈尔滨工业大学学报，2017，49 (12)：60-67.

[17] 刘文超，曹万林，张建伟，等. 火灾后钢管再生混凝土柱轴压性能试验研究 [J]. 自然灾害学报，2017，(5)：45-50.

[18] 曹万林，程娟，张勇波，等. 保温模块单排配筋再生混凝土低矮剪力墙抗震性能试验研究 [J]. 建筑结构学报，2015，36 (1)：51-58.

[19] 张勇波，曹万林，周中一，等. 保温模块单排配筋再生混凝土中高剪力墙抗震性能试验研究 [J]. 建筑结构学报，2015，36 (9)：29-36.

[20] 王伟，陈以一，余亚超，等. 分层装配式支撑钢结构工业化建筑体系 [J]. 建筑结构，2012，(10)：48-52.

[21] 刘浩晋，王伟，陈以一，等. 分层装配式支撑钢结构梁贯通式节点研制与性能试验 [J]. 建筑结构，2012，(10)：53-56.

[22] 刘大伟，王伟，马场峰雄，等. 分层装配式钢结构体系新型支撑研制与性能试验 [J]. 建筑结构，2012，(10)：57-60.

[23] 周青，王伟，陈以一，等. 分层装配式支撑钢结构工业化建筑体系抗震性能试验研究 [J]. 建筑结构，2012，(10)：61-64.

[24] 中华人民共和国国家标准 GB 50011—2010. 建筑抗震设计规范 [S]. 北京：中国建筑工业出版社，2010.

[25] European Committee for Standardization. Eurocode 3：Design of steel structures，Part 1-8：Design of joints [S]. Brussels：EN1993-1-8，2005.

[26] Japanese Industrial Standards. JIS-A-5540 Turnbuckle for building [S]. 2008.

[27] 日本建筑中心. 低层建筑物的结构承载力性能评定技术规程（钢结构）[S]. 1997.

[28] American Institute of Steel Construction. ANSI/AISC 341-10. Seismic Provisions for Structural Steel Buildings [S]. Chicago (IL)，2010.

[29] 包世华，方鄂华. 高层建筑结构设计 [M]. 北京：清华大学出版社，1990：101-119.

[30] Kowalsky M J，Priestley M N，MacRae G A. Displacement-based design：a methodology for seismic design applied to single degree of freedom reinforced concrete structures [R]. Structural Systems Research，University of California，San Diego，1994.

[31] Chopra A K，Goel R K. Direct displacement-based design：use of inelastic vs. elastic design spectra [J]. Earthquake Spectra，2001，17 (1)：47-64.

[32] Kim J，Seo Y. Seismic design of low-rise steel frames with buckling-restrained braces [J]. Engineering Structures，2004，26 (5)：543-551.

[33] 刘春成，刘广全. 墙体改革与现代建筑外墙体系研究 [J]. 黑龙江科技信息，2008，(3)：105-107.

[34] 侯和涛，孙燕飞，刘纬龙. 轻钢装配式住宅示范工程的设计与应用 [J]. 建筑钢结构进展，2013，(10)：35-40.

[35] 魏延晓，唐柏鉴. 钢结构住宅墙体发展及研究 [J]. 山西建筑，2008，34 (28)：34-35.

[36] 蔡玉春，刘洋，苏磊. 钢结构住宅维护体系概述 [J]. 中国钢结构产业，2004，(2)：35.

[37] 陈以一，王伟，童乐为，等. 装配式钢结构住宅建筑的技术研发和市场培育 [J]. 住宅产业，2012，(12)：32.

[38] 侯和涛，马天翔，叶海登，等. 波纹钢腹板预应力混凝土叠合板的抗弯性能试验研究 [J]. 建筑钢结构进展，2013，(12)：42-45.

[39] 尚守平，姚菲，刘可，等. 一种适合于农村民居的抗震实用技术 [A]. 全国结构工程学术会议 [C]. 2009：168-174.

[40] 尚守平，卢华喜，任慧，等. 动荷载作用下土阻尼比的试验对比研究 [J]. 地震工程与工程振动，2006，02：161-165.

[41] 尚守平，刘方成，卢华喜，等. 振动台试验模型地基土的设计与试验研究 [J]. 地震工程与工程振动，2006，04：199-204.

[42] 尚守平，姚菲，刘可，等. 软土-铰接桩体系隔震性能的振动台试验研究 [J]. 铁道科学与工程学报，2006，06：19-24.

[43] 尚守平，熊伟，杜运兴，等. 饱和场地土动力特性试验研究 [J]. 岩土力学，2008，01：23-27.

[44] 尚守平，雷敏，蒯行成，等. 土-结构系统的非线性参数反演研究 [J]. 湖南大学学报（自然科学版），2008，01：6-10.

[45] 尚守平，任慧，曾裕林，等. 非线性土中单桩竖向动力特性分析 [J]. 工程力学，2008，11：111-115.

[46] 尚守平，贺志文，王海东，等. 上部结构与地基相对刚度比对土-结构体系基频影响试验研究 [J]. 地震工程与工程振动，2008，05：94-101.

[47] 尚守平，姚菲，刘可. 一种新型隔震层的构造及其振动台试验研究 [J]. 土木工程学报，2011，

02：36-41.

[48] 尚守平，郜志远，徐梅芳. 新型隔震墩在农村民居中的应用 [J]. 施工技术，2011，06：58-61.

[49] 尚守平，郜志远，朱博闻，等. 复合隔震墩隔震性能的振动台试验研究 [J]. 地震工程与工程振动，2011，06：117-122.

[50] 尚守平，黄群堂，沈戎，等. 钢筋-沥青隔震墩砌体结构足尺模型试验研究 [J]. 建筑结构学报，2012，03：132-139.

[51] 尚守平，邹新平，曹万林. 钢框架-筏基结构与土相互作用试验研究 [J]. 建筑结构学报，2012，09：74-80.

[52] 尚守平，李双. 低频激振器楼面激振试验研究 [J]. 地震工程与工程振动，2012，32（4）：63-70.

[53] 尚守平，沈戎. 砌体模型隔震试验研究 [J]. 湖南大学学报（自然科学版），2012，09：1-5.

[54] 尚守平，刘可，周志锦. 农村民居隔震技术 [J]. 施工技术，2009，38（2）：97-99.

[55] 尚守平，沈戎，黄群堂. 砖砌体农居隔震试验研究 [J]. 地震工程与工程振动，2012，01：134-138.

[56] 尚守平，莫颖，熊辉. 有限元-无限元耦合法在桩-土动态反应中的应用 [J]. 湖南大学学报（自然科学版），2009，04：1-5.

[57] 尚守平，杨龙. 钢筋沥青隔震层位移控制研究 [J]. 土木工程学报，2015，（2）：26-33.

[58] 尚守平，周志锦，刘可，等. 一种钢筋-沥青复合隔震层的性能 [J]. 铁道科学与工程学报，2009，6（3）：13-16.

[59] 尚守平，姚菲，刘可，等. 一种适合于农村民居的抗震实用技术 [J]. 工程力学，2009，S2：168-174.

[60] 尚守平，石宇峰，熊伟，等. 沥青油膏—双飞粉混合物动剪模量的试验 [J]. 广西大学学报（自然科学版），2010，01：1-5.

[61] 尚守平，周可威，黄群堂. 水平-竖向复合隔震墩 [J]. 桂林理工大学学报，2012，03：38-41.

[62] 尚守平，周可威. 复合隔震墩性能试验研究 [J]. 地震工程与工程振动，2012，06：119-123.

[63] 尚守平，肖聪. 钢筋沥青复合隔震层 [J]. 福州大学学报（自然科学版），2013，04：613-616.

[64] 尚守平，朱博闻，吴建任，等. 钢筋-沥青复合隔震层实际工程应用研究 [J]. 湖南大学学报（自然科学版），2013，07：1-8.

[65] 尚守平，周浩，朱博闻，等. 钢筋沥青隔震层实际工程应用与推广 [J]. 土木工程学报，2013，S2：7-12.

[66] 尚守平，李晓辉. 钢筋沥青隔震层计算减震系数修正方法探讨 [J]. 地震工程与工程振动，2013，05：225-231.

[67] 尚守平，周可威，何钟瑜. 水平竖向复合隔震墩减震性能试验研究 [J]. 施工技术，2014，04：9-11.

[68] Wen X Z，Zhou F Y，Zhu H P. Influence of an adjacent structure on the horizontal and torsional input motion of an embedded foundation [J]. Advances in Structural Engineering，2016.

[69] 文学章，王智，尚守平. 高性能复合砂浆钢筋网薄层加固预制空心板抗弯性能试验及数值模拟 [J]. 工业建筑，2016，46（2）：169-175.

[70] Wen X Z，Zhou F Y，Fukuwa N. A simplied method for impedance and foundation input motion of a foundation supported by pile groups and its application [J]. Computers and Geotechnics，2015，69：301-319.

[71] 文学章，蒋林，尚守平. 形状异常的筏基在 SV 波作用下的水平与扭转响应 [J]. 地震工程与工程振动，2015，35（03）：134-139.

[72] 文学章，蒋林，尚守平. 形状不规则筏基在 SH 波下的动力响应研究 [J]. 湖南大学学报（自然科

学版），2014，41（3）：14-19.

[73] 文学章、尚守平. 剪切波作用下桩筏基础的动力响应研究 [J]. 湖南大学学报（自然科学版），2012，39（8）：14-18.

[74] Wen X Z, Shang S P. Research on dynamic soil-piled RAFT foundation-superstructure interaction [A]. Proceedings of the International Symposium on Innovation & Sustainability of Structures in Civil Engineering [C]. Xiamen University, China, 2011: 617-622.

[75] 文学章、尚守平. 水平向不均匀土对箱基的动力阻抗的影响研究 [J]. 地震工程与工程振动，2009，29（6）：191-196.

[76] 文学章、尚守平. 层状地基中桩筏基础的动力阻抗研究 [J]. 工程力学，2009，26（8）：95-99.

[77] 文学章、尚守平. 形状不规则基础-地基的动力扭转相互作用 [J]. 振动工程学报，2008，21（4）：359-364.

[78] Wen X Z, Shan S P, Xiao Y. Research on dynamie soil-box foundation-superstructure interaction considering the effects of the backfill soil [A]. The 10th International Symposium on Structural Engineering for Young Experts [C]. Changsha, 2008: 260-267.

[79] 文学章，尚守平. 形状不规则基础-地基的动力扭转相互作用 [J]. 振动工程学报，2008，21，（4）：359-364.

[80] Zhou F Y, Wen X Z, Zhu H P, etc. Effect of soil structure interaction on torsional response of structure supported by asymmetric soil foundation system [J]. Shock and Vibration, 2016, 2016 (1): 1-14.

[81] Zhou F Y, Wen X Z, Fukuwa N, etc. A simplified method of calculating the impedance and foundation input motion of foundations with a large number of piles [J]. Soil Dynamics & Earthquake Engineering, 2015, 78: 175-188.

[82] 公婷. 绿色农房建造标准评价研究 [D]. 哈尔滨：东北林业大学，2014.

[83] 邱添翼. 引导农房绿色化建设 [J]. 中华民居，2014，（9）：151.

[84] 祁雨笛. 农房绿色施工评价方法研究 [D]. 武汉：华中科技大学，2015.

[85] 姜乃玉. 绿色农房推进影响因素与对策研究 [D]. 南京：南京工业大学，2015.

[86] 苏义坤，公婷. 绿色农房建造标准指标体系的构建研究 [J]. 经济师，2014，（4）：10.

[87] 孟迪. 绿色农房建设过程中的问题与思考 [J]. 水利科技与经济，2016，22（3）：84-85.

[88] 李思沂. 基于建筑类型学的北京当代村庄住宅形态演变研究 [D]. 北京：北京工业大学，2017.